Debris flow na Serra do Mar
O CASO DE CARAGUATATUBA 1967

Márcio Angelieri Cunha
Marcos Saito de Paula
Wilson Shoji Iyomasa
Marcelo Fischer Gramani
Faiçal Massad

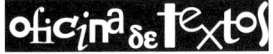

© Copyright 2022 Oficina de Textos

Grafia atualizada conforme o Acordo Ortográfico da Língua Portuguesa de 1990, em vigor no Brasil desde 2009.

Conselho editorial Aluízio Borém; Arthur Pinto Chaves; Cylon Gonçalves da Silva; Doris C. C. K. Kowaltowski; José Galizia Tundisi; Luis Enrique Sánchez; Paulo Helene; Rozely Ferreira dos Santos; Teresa Gallotti Florenzano

Capa e projeto gráfico Malu Vallim
Diagramação Victor Azevedo
Preparação de figuras Kaori Uchima
Preparação de textos Natália Pinheiro
Revisão de textos Anna Beatriz Fernandes
Impressão e acabamento Mundial gráfica

Dados Internacionais de Catalogação na Publicação (CIP)
(Câmara Brasileira do Livro, SP, Brasil)

Debris flow na Serra do Mar / Márcio Angelieri Cunha...[et al.]. -- São Paulo, SP : Oficina de Textos, 2022.

Outros autores: Marcos Saito de Paula, Wilson Shoji Iyomasa, Marcelo Fischer Gramani, Faiçal Massad.

Bibliografia.
ISBN 978-65-86235-69-2

1. Desastres naturais 2. Caraguatatuba (SP) - História
3. Deslizamentos (Geologia) - Caraguatatuba (SP)
4. Riscos ambientais - Avaliação I. Cunha, Márcio Angelieri.
II. Paula, Marcos Saito de. III. Iyomasa, Wilson Shoji.
IV. Gramani, Marcelo Fischer. V. Massad, Faiçal.

22-116677   CDD-551

Índices para catálogo sistemático:

1. Desastres naturais : Pesquisas : Geologia 551
Eliete Marques da Silva - Bibliotecária - CRB-8/9380

Todos os direitos reservados à **Oficina de Textos**
Rua Cubatão, 798
CEP 04013-043 – São Paulo – Brasil
Fone (11) 3085 7933
www.ofitexto.com.br   e-mail: atend@ofitexto.com.br

Agradecimentos

Os autores agradecem às entidades e empresas que de alguma forma contribuíram para tornar possível a elaboração desta obra.

À Companhia Ambiental do Estado de São Paulo (Cetesb), pelo acesso ao Processo nº 98/2011 contendo documentos do Projeto Executivo: Duplicação da SP-099 – Rodovia dos Tamoios, desenvolvido pela Concessionária Rodovia dos Tamoios (Cetesb.105573/2021-09) para a Agência de Transporte do Estado de São Paulo (Artesp).

Ao Desenvolvimento Rodoviário S. A. (Dersa), pela permissão de uso de dados do Projeto Contornos, referente à ligação rodoviária entre Caraguatatuba e São Sebastião, que subsidiaram vários capítulos deste livro e sem os quais seria praticamente impossível atingir os resultados desejados.

À Escola Politécnica da Universidade de São Paulo (Epusp), por ceder as salas de reuniões no período de fevereiro de 2018 a janeiro de 2020. O período inicial de desenvolvimento do livro, ao longo de 2018, foi a fase mais importante deste projeto, pois foi quando definimos o escopo e formato da publicação.

Ao Instituto de Pesquisas Tecnológicas do Estado de São Paulo (IPT), pela permissão para consultar relatórios técnicos e publicações relacionadas aos trabalhos desenvolvidos nos estudos para implantar um sistema de usina hidrelétrica reversível entre Paraibuna e Caraguatatuba, desenvolvido para as antigas Centrais Elétricas de São Paulo (Cesp).

Agradecimentos específicos às pessoas que nos auxiliaram estão listados ao final de cada capítulo. Aqui já adiantamos o nosso "muito obrigado", pois, sem essas pessoas, não teríamos acesso a informações valiosas para o livro.

Apresentação 1

A contribuição dos renomados geólogos Márcio Angelieri Cunha, Wilson Shoji Iyomasa, Marcelo Fischer Gramani e Marcos Saito de Paula e do professor e engenheiro Faiçal Massad enfoca muito bem a tragédia em Caraguatatuba em março de 1967. No texto, são explanadas, de modo competente, as pesquisas que avançaram pelos 55 anos seguintes. É admirável o cuidado tomado no levantamento prévio das ocorrências dos desastres naturais no Brasil e no exterior para efeito comparativo com a região de Caraguatatuba, e também no arrolamento das tecnologias de pesquisas das causas do acidente de 1967, em confronto com as tecnologias modernas, usadas nesta revisão da segunda década do século XXI, mostrando semelhanças e diferenças. Os autores valeram-se ainda da experiência de outros pesquisadores, principalmente do Brasil, mas também do exterior.

Os capítulos da presente obra foram muito bem elaborados, envolvendo todos os aspectos relacionados à tragédia de 1967 e esmiuçando contribuições de pesquisas anteriores, de forma a fazer referências a regiões de geologias parecidas e esclarecer, de maneira muito rica, as variáveis envolvidas em áreas de pouco risco para fins de comparação.

Muito bem escolhido pelos autores, o primeiro enfoque do ponto de vista da tragédia são os *debris flows*, os vilões de toda a desgraça.

Os autores desenvolvem um estudo atual pormenorizado da região de Caraguatatuba e suas possíveis diferenças de como era em 1967. Como não podiam ser mais precisos, os autores seguem, na ordem de exposição, para a geomorfologia e geologia da área, passando então para as feições climáticas. Descrevem os aspectos físicos da região e, concomitantemente, os comparam às chuvas da região desde 1958 até 2020. Incluem em suas comparações outras áreas, como São Sebastião e a Rodovia dos Contornos, propondo planos para evitar desastres futuros. Além disso, chamam atenção para o elevado índice pluviométrico da região, se comparado ao de outras regiões brasileiras, um dos maiores do Brasil.

Como um empenho extraordinário, essa equipe de geólogos e engenheiro oferece, com sua obra, uma oportunidade para avaliar de forma aproximada os dados originais, como o volume de sedimentos transportados na época da tragédia, o pico da ação dos *debris flows*, e a quantificação da incidência de madeira flutuante (*driftwood*), finalizando com uma síntese desses dados.

Em 1967, eu tive o privilégio de estudar essa região com o meu colega Kenitiro Suguio (*in memoriam*). Na época, o mapeamento da região foi feito pelo Instituto de Pesquisas Tecnológicas (IPT) para as Centrais Elétricas de São Paulo (Cesp) e abrangia toda a área ocidental do Vale do Rio Santo Antônio e somente uma pequena área do sudeste. Toda a parte oriental da região que chega ao litoral não estava representada. O Vale do Rio Santo Antônio e a pequena região sudeste apresentavam, no referido mapa, reflexos de intensa atividade geológica. Para mim, depois de tantos anos, encontrar este trabalho tão completo e a extensão feita, nessa área, para leste, envolvendo toda a região litorânea, é motivo de imensa satisfação. Na entrevista, disponível nos Anexos, mencionei que o Kenitiro e eu observamos, no Vale do Rio Santo Antônio, a deposição de cascalhos e matacões sobre camadas de areia, como se fosse o "seixo pingado" nos ritmitos de Itu. Para nós, jovens professores, era a "inversão da deposição geológica". Vejo nesta publicação várias imagens dessa área que mostram tal tipo de deposição de sedimentos, justificado pelos estudos e análises efetuadas pelos autores.

Este trabalho é instrumento fundamental para os profissionais com forte atuação nessa atividade relacionada à Defesa Civil, garantindo, inclusive, uma compreensão introdutória para aqueles que, pela primeira vez, entram em contato com a região e seus problemas.

Gostaria, por fim, de dar ênfase às belezas que esses quatro geólogos, Márcio Angelieri Cunha, Wilson Shoji Iyomasa, Marcelo Fischer Gramani e Marcos Saito de Paula, e o professor engenheiro Faiçal Massad souberam enaltecer a geologia e a geotecnia com as vertentes do Rio Guaxinduba e do Rio Santo Antônio que, associadas ao transporte de madeira flutuante (*driftwood*), interferiram no desenvolvimento do *debris flow* de Caraguatatuba, como se faz nas pesquisas no exterior.

Com a certeza de que esta publicação servirá de modelo para trabalhos futuros, saúdo os autores de quem muito me orgulho por terem sido meus alunos.

Parabéns pela valiosa obra.

Setembrino Petri
Professor Titular Aposentado e Professor Emérito do Instituto de Geociências da Universidade de São Paulo (IGc-USP)
Membro da Academia Brasileira de Ciências e da Academia de Ciências do Estado de São Paulo

Apresentação 2

O presente livro destaca a catástrofe ocorrida em 1967 em Caraguatatuba e, entre diversos assuntos, os riscos geológicos nessa área da Serra do Mar, onde a Defesa Civil tem firmemente atuado na prevenção e proteção de vidas humanas. Dessa forma, é oportuno e importante destacar o aprendizado da Defesa Civil do Estado de São Paulo ao longo da história.

O surgimento da Defesa Civil no mundo remonta à Primeira Guerra Mundial, quando houve mudança significativa nos métodos de combate; os alvos passaram a ser os locais que pudessem dificultar o abastecimento das tropas inimigas, como indústrias, estradas, portos e aeroportos. Essa tática fragilizava o inimigo, pois reduzia a capacidade de suprimentos. Diante dessa situação, o número de vítimas civis aumentava significativamente, mesmo não estando diretamente envolvidas na guerra.

Tal cenário fez com que países desenvolvidos criassem órgãos de proteção dos civis. Em 1942, durante a Segunda Guerra Mundial, como consequência do ataque japonês à base de Pearl Harbor, surgiu, no Brasil, o serviço de defesa passiva antiaérea, sob supervisão do Ministério da Aeronáutica. Somente em 1943 surge a denominação desse serviço como Defesa Civil, com os mesmos objetivos e finalidades anteriores, mas agora ligado ao Ministério da Justiça.

Entre as guerras, as estruturas montadas para proteger os civis ficaram ociosas e, por isso, começaram a ser utilizadas para o atendimento de vítimas atingidas por desastres naturais, tais como maremotos, furacões, inundações e incêndios. Com maior campo de atuação das defesas civis, países desenvolvidos começaram a investir em estruturas próprias, de forma multidisciplinar.

Depois das intensas chuvas que afetaram o município de Caraguatatuba em 1967 e os consequentes escorregamentos de encostas que originaram grandes movimentos de massa conhecidos como *debris flows*, objeto dessa importante obra, os paulistas começaram a sentir a ausência de um sistema para coordenar as ações de emergência. Naquela ocasião, o socorro foi feito de maneira improvisada, deixando clara a falta de sintonia entre os órgãos envolvidos, ficando, portanto, latente a necessidade de criação de um órgão coordenador das ações.

Em razão do incêndio no edifício Andraus, em 1972, foi criada a primeira comissão de defesa civil, mas sem sucesso. Assim, depois do incêndio no edifício Joelma, em 1974, que provocou várias mortes, o Estado de São Paulo criou um grupo na Secretaria de Economia e Planejamento, com o objetivo de elaborar estudos sobre medidas de prevenção a incêndios. Nessa equipe, foi proposta a criação de um Sistema Estadual de Defesa Civil, e, em 1976, a ideia foi concretizada, ficando essa árdua, porém nobre missão a cargo da Casa Militar do Gabinete do Governador.

No início de 1979, a Defesa Civil atuou nos Morros de Santos e São Vicente, onde, após intensas chuvas e grande número de escorregamentos, que provocaram quatro mortes, apresentou com o apoio do Instituto de Pesquisas Tecnológicas (IPT) a Carta Geotécnica dos Morros de Santos e São Vicente, a qual constituiu importante instrumento para a prefeitura na organização da ocupação do território.

No âmbito federal, somente em 1979 houve a criação da Secretaria Nacional de Defesa Civil (Sedec), subordinada ao Ministério do Interior.

O Plano Preventivo de Defesa Civil (PPDC), específico para escorregamentos, foi implementado nas encostas da Serra do Mar a partir das conclusões do relatório "Instabilidade da Serra do Mar no Estado de São Paulo", elaborado em 1988 pelo IPT e os Institutos Geológico, Florestal e Botânico. No início daquele ano, diversos eventos de escorregamentos ocorreram no Brasil, sendo os mais graves o de Petrópolis (171 mortes), o da cidade do Rio de Janeiro (53 mortes) e o do litoral paulista (17 vítimas fatais em Cubatão, Santos e Ubatuba). O governo paulista, desconhecendo as situações dos riscos geológicos nas encostas no litoral, solicitou estudos que levaram ao mapeamento dos problemas e propostas de soluções. Entre essas propostas, estava o PPDC, um instrumento técnico de convivência com os problemas relacionados a movimentos de massa e inundações.

A partir do segundo semestre de 1988, a Coordenadoria Estadual de Defesa Civil (Cedec), o IPT, o Instituto Geológico (IG) e a Companhia de Tecnologia e Saneamento Ambiental (Cetesb) iniciaram a montagem do PPDC, atuando em oito municípios da Baixada Santista (Cubatão, Santos, São Vicente e Guarujá) e do Litoral Norte (São Sebastião, Ilhabela, Caraguatatuba e Ubatuba). A partir de 2000, além desses oito municípios, o PPDC passou a atuar também em 16 municípios do Vale do Paraíba e da Serra da Mantiqueira (Areias, Bananal, Cruzeiro, Lavrinhas, Piquete, Queluz, Aparecida, Cunha, Guaratinguetá, São Luiz do Paraitinga, São José dos Campos, Paraibuna, Jacareí, Santa Branca, Campos do Jordão e São Bento do Sapucaí) e dez municípios da Região Administrativa de Campinas (Campinas, Hortolândia, Pedreira, Jundiaí, Limeira, Amparo, Atibaia, Bragança Paulista, Socorro e Campo Limpo Paulista), totalizando 34 municípios. No verão de 2003/2004 entraram em operação, de forma experimental, os planos para as regiões do ABC (Santo André, São Bernardo,

São Caetano, Diadema, Ribeirão Pires, Mauá e Rio Grande da Serra) e Sorocaba. Atualmente, são 175 municípios monitorados pela Coordenadoria Estadual de Proteção e Defesa Civil (Cepdec). O Cap. 7 desta obra nos mostra uma síntese dos riscos associados a escorregamentos, sua recorrência e a importância de capacitar agentes e comunidades para garantirmos a proteção da população, pois as condições de risco ainda estão presentes no município.

Ao longo dos 45 anos de existência, o espectro de atuação da Defesa Civil do Estado de São Paulo foi crescendo, deixando de ter como prioridade a fase de resposta ou de socorro. Hoje, busca-se investir cada vez mais na prevenção e preparação, para que eventuais danos sejam evitados ou minimizados, tornando a sociedade mais resiliente.

Com a designação da Cepdec, por meio de decreto do governador do estado, mais atores passaram a fazer parte da nobre missão, cada qual na esfera das próprias atribuições: Secretarias de Estado, órgãos técnicos (IPT e IG), sociedade civil, entre outros, todos com o objetivo de preservar vidas. A experiência demonstra que esse modelo compartilhado é eficaz na gestão de riscos e de desastres, pois cada instituição atua de forma harmônica, sob a coordenação da Defesa Civil do Estado.

Os aprendizados das experiências do passado reforçam nosso compromisso com a preparação, mas essencialmente com a prevenção, mantendo-se sempre, diante de quaisquer situações adversas, o eterno objetivo de proteger a vida das pessoas.

Walter Nyakas Júnior
Coronel da PM, Secretário-Chefe da Casa Militar
Ex-Coordenador de Proteção e Defesa Civil do Estado de São Paulo

Prefácio

Os autores deste livro têm, cada um à sua maneira, ligações profissionais e pessoais com o Litoral Norte do Estado de São Paulo, e particularmente com Caraguatatuba e São Sebastião. Essas ligações tiveram início há algumas décadas com a realização de trabalhos de pesquisa e consultorias e atividades em obras de engenharia. Seus caminhos se cruzaram e se separaram ao longo da vida profissional de cada um, para se juntarem em 2013 por ocasião da elaboração do projeto executivo da Rodovia Nova Tamoios (Contornos). Em suma, esse projeto procura desviar o trânsito de veículos e caminhões das áreas urbanizadas de Caraguatatuba e São Sebastião, respectivamente, permitindo tráfego mais rápido para Ubatuba e o Porto de São Sebastião.

Para a elaboração do projeto da Nova Tamoios (Contornos), os autores realizaram inúmeras atividades de campo, reuniões de projeto, discussões técnicas e conversas sobre a possível ocorrência de corridas de detritos (*debris flow*) tanto em Caraguatatuba como em São Sebastião, já que há interseções do traçado da rodovia com as drenagens e suas encostas, onde foram previstas obras, como pontes e emboques de túneis. Os estudos de *debris flow* foram realizados em diversas drenagens para avaliação técnica e indicação da melhor solução a ser adotada, como deslocamento do eixo da obra e proteção das estruturas dos apoios/pilares a construir.

Em novembro de 2017, na etapa final da elaboração do projeto executivo da Nova Tamoios, os autores tiveram conhecimento de um texto da Arquidiocese de Caraguatatuba divulgado na *Revista de Praia em Praia*, cuja edição especial de maio de 2017 tratou sobre os 50 anos da catástrofe de março de 1967, com depoimentos e histórias de moradores da região que vivenciaram o evento da corrida de detritos (*debris flow*). Esse texto incentivou os autores, em particular o geólogo Marcos Saito de Paula, a elaborarem uma publicação contendo a retrospectiva e estudos para entendimento geológico e geotécnico dos eventos de 1967, associados às corridas de detritos. Motivados pelos conhecimentos adquiridos, como lições aprendidas, os trabalhos foram iniciados para elaborar um artigo técnico-científico. Posteriormente, a quantidade de dados coletados permitiu transformar o artigo em um livro, para disseminar a coletânea de informações e divulgar o conhecimento na questão de segurança de rodovias, sobretudo em áreas urbanizadas que vivenciaram catástrofes como a de 1967.

A necessidade de um estudo técnico, apontada pelo professor Arthur Casagrande (Universidade de Harvard) em seu relatório de julho de 1967, também estimulou a elaboração desta publicação. Após visitar as áreas de Caraguatatuba, por ocasião dos trabalhos para instalação de usina hidrelétrica reversível das antigas Centrais Elétricas de São Paulo (Cesp), o professor proferiu:

> [...] há urgente necessidade de estudo por uma comissão de engenheiros e geólogos brasileiros, conhecidos técnicos no assunto. Tal grupo poderia desenvolver seus trabalhos independentemente de engenheiros especialistas em problemas específicos, tais como segurança da estrada e da usina hidroelétrica. O objetivo deste grupo seria rever os dados e hipóteses existentes, para coordenar as investigações adicionais e, em último, não como fim, obter recursos financeiros dos governos Federal e Estadual para financiar estas investigações. Como estes escorregamentos são estritamente relacionados com as condições geológicas e as propriedades do solo residual, eu considero importante que tal grupo de trabalho seja dirigido por um engenheiro com estudo especializado em solos residuais, que seja familiarizado com a geologia destas regiões e que tenha feito investigações semelhantes em escorregamentos.

Os autores não se consideram membros da comissão de engenheiros e geólogos que o Professor Casagrande mencionou. No entanto, o contexto técnico, a responsabilidade social, a necessidade das comunidades geológica e geotécnica e, principalmente, a coletânea de dados e informações técnicas reunidas pelos autores os motivaram e induziram a assumir o grande desafio de abordar o tema dos *debris flows* de 1967 em Caraguatatuba. Por diversos capítulos, o documento do Professor Casagrande, bem como de outros professores renomados (Ab'Saber, Almeida, Petri e Suguio), é destacado na presente publicação.

As fortes chuvas de 15 de março de 2017, três dias antes da data dos 50 anos da tragédia de 1967, causaram um grande deslizamento de terra no Morro Santo Antônio, com a destruição de quatro casas de um condomínio residencial. Esse evento assustou parte da população de Caraguatatuba, principalmente as pessoas que vivenciaram a catástrofe histórica de 1967. A visita técnica ao local, acrescida das motivações anteriormente mencionadas, despertou uma grande vontade em contribuir com a disseminação, em nosso país, da cultura da conscientização e prevenção de riscos associados aos eventos da natureza, descritos como desastres naturais por alguns pesquisadores. Ainda que sejam eventos naturais, de difícil previsibilidade, é possível extrair conhecimentos técnicos para reduzir impactos na população que vive sob ameaça constante desse tipo de fenômeno.

Os trabalhos desse grande desafio foram iniciados com reuniões na Escola Politécnica da Universidade de São Paulo (USP) em fevereiro de 2018. Nas pesquisas efetuadas, foi reunida uma coletânea preciosa de dados e informações. Alguns desses dados haviam sido publicados há quase 50 anos em eventos nacionais e mesmo internacionais; outros só estavam disponíveis em relatórios técnicos elaborados no início da década de 1970, quando foram realizados estudos geológicos e geotécnicos, pelo IPT, na Serra do Mar para instalação de uma usina reversível; e outros, ainda, foram resultantes dos estudos para a implantação da Rodovia Nova Tamoios (Contornos). A equipe conseguiu reunir informações sobre geologia, geotecnia, clima, vegetação arbórea da serra, datações em amostras de madeira coletadas em sondagens profundas, sismologia e áreas de risco, e, como não poderia faltar, buscou as histórias vividas pela população.

Para publicar toda essa coletânea, o trabalho voluntário exigiu maior dedicação de tempo de cada um dos autores: entrevistas com pessoas que vivenciaram o evento de 1967; visitas à sala montada pela prefeitura de Caraguatatuba pela ocasião dos 50 anos da tragédia; e coleta tanto de fotografias da época, no Arquivo Municipal Arino Sant'Ana de Barros, quanto de informações técnicas no setor de preservação do patrimônio histórico do município.

O relato do tema sobre o *debris flow* de Caraguatatuba e os riscos geológico-geotécnicos associados inicia-se pela descrição do histórico da catástrofe de 1967, com registro fotográfico da época. Em seguida, relata-se o ocorrido, focando nos impactos na antiga Fazenda dos Ingleses, atual Fazenda Serramar, bem como em relatos técnicos dos renomados engenheiros Costa Nunes e Fred Jones, que compararam o evento de Caraguatatuba com o da região da Serra das Araras (RJ), que ocorreu cerca de dois meses antes.

No capítulo seguinte, descrevem-se as definições e conceitos sobre corrida de detritos ou *debris flow*, suas características, classificações, parâmetros técnicos e ocorrências no mundo. Pode-se verificar a necessidade de conhecimento de várias disciplinas relacionadas ao tema, como geologia e geotecnia (solos e rochas), biota sobre fragmento da vegetação, sobretudo de árvores, geomorfologia (forma dos terrenos e bacias), hidrologia (drenagens), climatologia (precipitações pluviométricas) e uso do solo (ocupações antrópicas).

Na sequência, abordam-se as características geológicas (rochas e estruturas geológicas) que sustentam a Serra do Mar, dos solos e sedimentos depositados na região do litoral, destacando-se os estudos de transgressões e regressões marinhas. Além dos sedimentos depositados no evento de 1967, mencionam-se ainda as investigações realizadas por meio de sondagens e até datações em amostras de madeira extraídas por sondagens profundas.

Uma síntese do clima da área de interesse é apresentada, fundamentada em registros históricos da pluviometria de Caraguatatuba, já que as corridas de detritos estão associadas aos períodos de maior intensidade pluviométrica. Em qualquer análise ou estudo preventivo de ocorrência de corrida de detritos, o parâmetro pluviosidade é um indicador indispensável.

Segue-se um capítulo que avalia os parâmetros do *debris flow* de 1967 pela retroanálise de dados empíricos coletados logo após o evento e também recentemente, ouvindo o testemunho de sobreviventes da tragédia. Apresentam-se as estimativas das precipitações pluviométricas, e abordam-se as características das vertentes do Rio Santo Antônio e do Rio Guaxinduba que serviram como áreas para estudo específico dos parâmetros do *debris flow* de 1967, como a concentração de sólidos, a velocidade, a vazão de pico, a altura da lama em algumas seções de referência e os volumes transportados tanto de sólidos quanto totais. Destaca-se, ainda, a importância da madeira flutuante no fenômeno, com estimativas de sua incidência no volume de sólidos transportado.

Um capítulo é dedicado a breves relatos de estudos recentes em drenagens das regiões de Caraguatatuba e São Sebastião, onde estão previstas obras de arte especiais (pontes e viadutos) que poderão ser afetadas por corrida de detritos. Destacam-se aqui os resultados dos estudos sobre a possibilidade de ocorrência de *debris flow* e as decisões tomadas para evitar seus impactos ou para a proteção das obras da Nova Tamoios.

Após esses relatos, os autores descrevem a atual situação das áreas de risco em Caraguatatuba, o plano preventivo vigente, os instrumentos para identificação de áreas de risco e a carta de suscetibilidade a movimentos gravitacionais de massa e inundações, alertando para a ocupação inadequada das áreas identificadas como de risco a escorregamentos e inundações. No final, é apresentada a súmula curricular de cada um dos autores.

Estão disponíveis como material complementar (http://www.ofitexto.com.br/livro/debris-flow/) os anexos de mapas elaborados de cicatrizes de escorregamentos do evento de 1967 nas bacias estudadas, o relatório do Professor Casagrande e as entrevistas efetuadas. Destacam-se os relatos: (a) do Professor Petri, que descreve a ocorrência de matacões sobre sedimentos de granulação mais fina (arenosos), contrariando um dos preceitos da geologia; (b) do geólogo Stein, que relata os mapeamentos realizados das cicatrizes de escorregamentos de 1974; e (c) dos senhores Bento e Orlando, moradores que vivenciaram a corrida de 1967, e do senhor Pedro, que observou a mudança do traçado do Rio Guaxinduba em suas terras.

Os mapas na sequência mostram a localização da área onde foram realizados os estudos, em um contexto mais geral.

Os autores

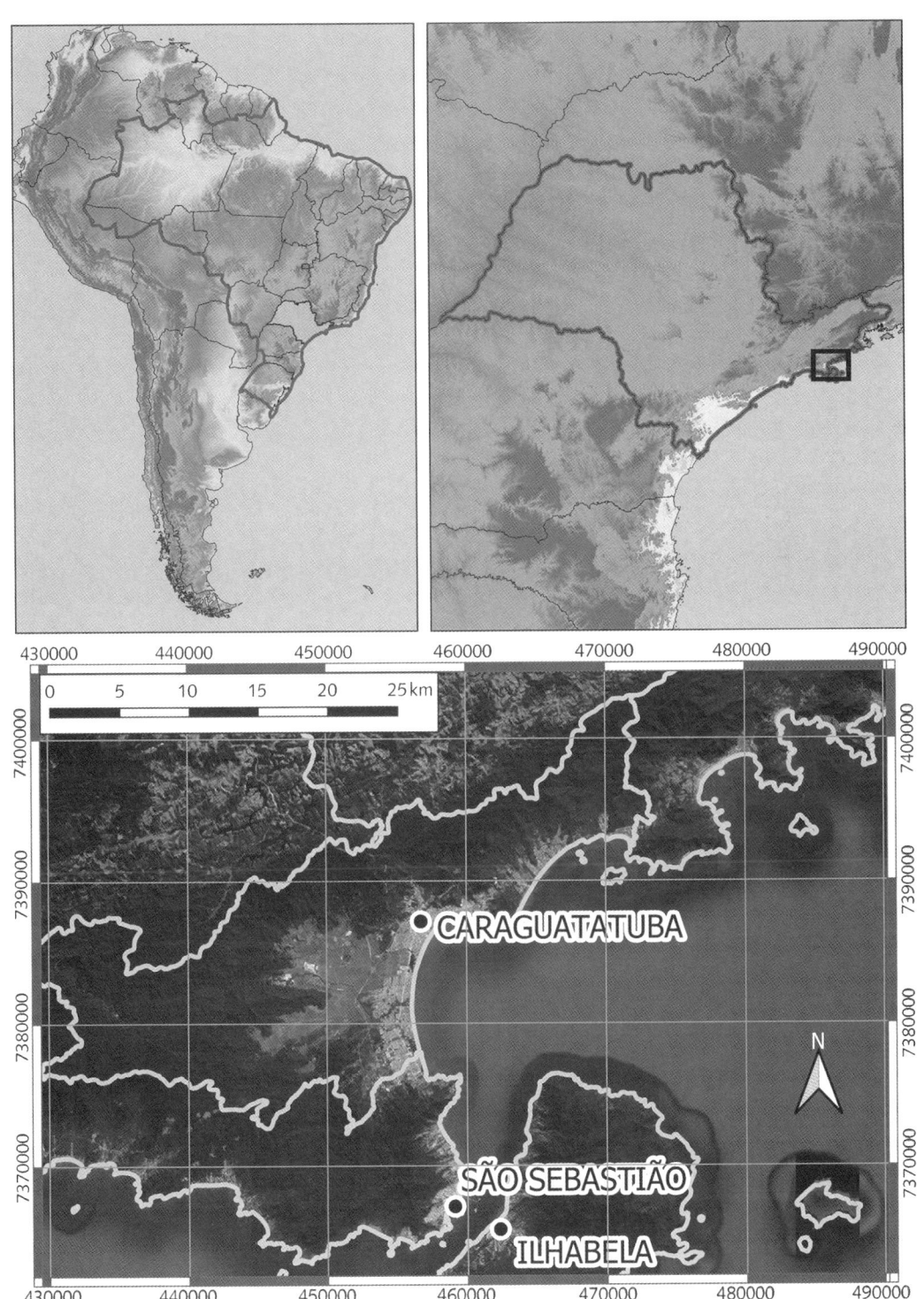

Localização da área em que foram realizados os estudos

Sumário

1. **HISTÓRICO DA CATÁSTROFE** 17
    1.1 A tragédia que se abateu sobre a cidade de Caraguatatuba 17
    1.2 A tragédia sobre a Fazenda dos Ingleses 26
    1.3 Breves relatos de Costa Nunes e Fred Jones comparando o evento de Caraguatatuba com o da região da Serra das Araras (RJ) 27
    1.4 Síntese do relato da Prof.ª Olga Cruz sobre o evento catastrófico de Caraguatatuba 28
    1.5 Antes e depois da catástrofe: a cidade vista de cima 29
    1.6 Conclusões 34
        Agradecimentos 34
        Referências bibliográficas 34
2. **O QUE É UM *DEBRIS FLOW*?** 36
    2.1 Descrição do fenômeno e suas causas 36
    2.2 Características e feições sedimentares 39
    2.3 Classificação das corridas de massas de acordo com sua origem 45
    2.4 Parâmetros de *debris flows* 46
    2.5 Exemplos de casos no mundo 47
    2.6 Conclusões 52
        Agradecimentos 53
        Referências bibliográficas 53
3. **ASPECTOS DO MEIO FÍSICO** 56
    3.1 Relevo na Serrania Costeira 58
    3.2 Relevo na Baixada Litorânea 59
    3.3 Geologia da área de Caraguatatuba 60
    3.4 Conclusões 86
        Agradecimentos 87
        Referências bibliográficas 87
4. **ASPECTOS CLIMÁTICOS** 90
    4.1 Aspectos climáticos de interesse na região de Caraguatatuba 90
    4.2 Compilação de dados pluviométricos sobre o evento de 1967 91
    4.3 Chuvas ao longo do tempo, segundo registros oficiais 95
    4.4 Conclusões 100
        Referências bibliográficas 100
5. **PARÂMETROS DOS *DEBRIS FLOWS* DE 1967 RETROANALISADOS** 103
    5.1 Alguns registros dos *debris flows* de 1967 103
    5.2 Estimativas das precipitações pluviométricas uma hora antes do evento 105

	5.3	Vertente do Rio Santo Antônio...106
	5.4	Vertente do Rio Guaxinduba 113
	5.5	Notas sobre a incidência de madeira flutuante (*driftwood*) nas vertentes analisadas 119
	5.6	Conclusões..122
		Agradecimentos...122
		Referências bibliográficas...123
6	ESTUDOS RECENTES SOBRE A POSSIBILIDADE DE OCORRÊNCIA DE *DEBRIS FLOW* EM PROJETO DE OBRA VIÁRIA NA REGIÃO DE CARAGUATATUBA E SÃO SEBASTIÃO...125	
	6.1	Aspectos de interesse sobre as obras dos Contornos 125
	6.2	Condições dos locais com potencial ocorrência de *debris flow* ao longo da Rodovia dos Contornos 126
	6.3	Determinação da suscetibilidade de ocorrência de *debris flow* 131
	6.4	Transposição do Rio Guaxinduba (OAE 103) 133
	6.5	Travessia do Rio Santo Antônio (OAE 201)...136
	6.6	Transposição do Córrego São Tomé (OAE 221)...139
	6.7	Transposição do Ribeirão da Fazenda (OAE 401) 140
	6.8	Estudo de outros locais com possibilidade de ocorrência de *debris flow* 141
	6.9	Conclusões..145
		Agradecimentos...145
		Referências bibliográficas...145
7	SITUAÇÃO RECENTE DAS ÁREAS DE RISCO NA REGIÃO DE CARAGUATATUBA....147	
	7.1	Cenários de risco 147
	7.2	Plano Preventivo de Defesa Civil.. 148
	7.3	Instrumentos de identificação de risco: mapeamento de áreas e PMRR........... 151
	7.4	Carta de suscetibilidade a movimentos gravitacionais de massa e inundações 154
	7.5	Outros estudos preventivos sobre possíveis consequências de escorregamentos em obras de engenharia 158
	7.6	Caso recente de escorregamento em área urbana 161
	7.7	Conclusões..163
		Referências bibliográficas...163
8	CONSIDERAÇÕES FINAIS...167	
	BIBLIOGRAFIA COMPLEMENTAR 171	
	SOBRE OS AUTORES..173	
	ANEXOS	
	Esse material está disponível em: <https://www.ofitexto.com.br/livro/debris-flow/	

> As figuras com o símbolo ◩ tem sua versão colorida no final do livro.

Histórico da catástrofe 1

Márcio Angelieri Cunha
Marcelo Fischer Gramani
Marcos Saito de Paula
Wilson Shoji Iyomasa
Faiçal Massad

Este capítulo inicia-se com uma breve descrição da tragédia que se abateu sobre Caraguatatuba, com relatos extraídos de publicações como jornais da época, informações constantes do arquivo municipal da cidade, filmes, documentários e vídeos, entre outros meios de comunicação. Apresentam-se também depoimentos da população. Procurou-se manter a narrativa encontrada nos documentos consultados.

O texto serve para relembrar as dimensões do desastre ocorrido em Caraguatatuba, destacando-se o trabalho do Prof. Arthur Casagrande, da Universidade de Harvard (EUA), que estava a trabalho no Brasil e foi convidado pelo governo do Estado de São Paulo para emitir um parecer técnico. O Prof. Casagrande, juntamente com os engenheiros Job Shuji Nogami (DER), Darcy de Almeida (Cesp), Lincoln Queiroz e Otto Kech e o geólogo Francisco Nazário, realizou vistoria técnica em 21 de julho de 1967 nas áreas afetadas pelos escorregamentos e corridas de massa.

Em seguida, relata-se a tragédia na Fazenda dos Ingleses, por sua importância ao município devida à produção de bananas e cítricos para exportação, bem como pelas proporções elevadas de danos que sofreu, o que acelerou seu encerramento, como conta a escritora Gloria Kok (2012).

Posteriormente, seguem breves resumos das primeiras publicações técnicas específicas sobre escorregamentos e processos de mobilização de solos e rochas, apresentadas por conceituados profissionais, como Costa Nunes e Fred Jones, e uma síntese apresentada pela Prof.ª Olga Cruz sobre a catástrofe de 1967.

1.1 A tragédia que se abateu sobre a cidade de Caraguatatuba

A catástrofe de Caraguatatuba completou 50 anos em 18 de março de 2017. Foi uma tragédia de comoção nacional, em meados dos anos 1960, com a ocorrência de milhares de deslizamentos e vários fluxos de detritos, constituídos de lama, areia, pedras, troncos de árvores e blocos imensos de rochas. O desastre ganhou tamanha dimensão que serviu de base para a criação da Defesa Civil do Estado de São Paulo e a formação de um grupo de especialistas para estudar o assunto.

As imagens nas Figs. 1.1 a 1.3 permitem uma visão geral do trecho final do Rio Santo Antônio, pouco antes de sua foz, que está localizado em área urbana junto ao mar. Pelas imagens, é também possível: (a) observar as áreas que sofreram inundações e assoreamentos, sobretudo na planície aluvionar; e (b) ter uma noção das dimensões dos escorregamentos ocorridos nas encostas da Serra do Mar. Por conta desse evento, a largura da calha do Rio Santo Antônio aumentou de 40 m para 200 m.

Fig. 1.1 *Vista, de montante para jusante, da planície de inundação do Rio Santo Antônio. Notar a extensa área afetada pelas inundações e a quantidade e dimensão dos escorregamentos nas encostas*
Fonte: Arquivo Municipal de Caraguatatuba.

Desde o século passado, existe farta documentação técnica sobre os períodos de intensa precipitação pluviométrica na região de Caraguatatuba. São raros os documentos técnicos das áreas de Geologia, Geotecnia e Geografia que não fazem referência às intensas chuvas de verão na década de 1960, causadoras de grandes danos nas estradas, particularmente no trecho da serra, com inúmeras paralisações no tráfego de veículos e enormes prejuízos financeiros para os munícipes. Há um ofício ao presidente da Província, datado de 21 de fevereiro de 1859, portanto, no período do Império, que informa: "devido aos repetidos temporais de pesadas chuvas, que há mais de um mês desaba em todo o município, em especial um que houve no dia 20 de janeiro, que por um pouco não arrasa Caraguatatuba...".

1 Histórico da catástrofe | 19

Fig. 1.2 *Vista, de jusante para montante, da extensa área afetada e dos danos provocados pela passagem de intenso fluxo de lama e areia. Notar o canal de drenagem afetado (expressiva erosão das margens) e as moradias afetadas*
Fonte: Arquivo Municipal de Caraguatatuba.

Fig. 1.3 *Vista a partir do alto da serra. Em primeiro plano, a Rodovia dos Tamoios e os grandes escorregamentos nas encostas e, ao fundo, a foz do Rio Santo Antônio. Ainda hoje é possível reconhecer as "cicatrizes" dos escorregamentos ocorridos em 1967, testemunhas da combinação do relevo serrano com os eventos extremos de chuva verificados na época*
Fonte: Arquivo Municipal de Caraguatatuba.

No evento de 1967, segundo um documento da época,

> chovia excessivamente desde o dia 16 de março com intensificação no período noturno. De acordo com o posto instalado na Fazenda dos Ingleses, o índice pluviométrico total registrado no mês foi de 851 mm, sendo 420 mm somente no dia 18, e há observação de que não consta registro de índice maior devido à saturação do pluviômetro.

Esse documento menciona que às 13h daquele dia ocorreu uma avalanche de lama, pedras e árvores em vários morros próximos à cidade e que, por volta de 15h30, "a serra desabou", a Rodovia dos Tamoios foi em grande parte destruída, com o aprisionamento de vários veículos, inclusive ônibus. Ainda é descrito que

> às 16h30 outra frente abriu-se no Vale do Rio Santo Antônio e no bairro Rio do Ouro. Gigantescas "barreiras" começaram a desabar, formando uma enorme represa que se rompeu algumas horas mais tarde, destruindo as residências construídas na várzea, e o bairro praticamente sumiu do mapa. Mais a jusante, ocorreu o deslocamento da ponte principal daquele rio, que ainda se situa próximo da Santa Casa.

Tais fatos são confirmados por depoimentos coletados de testemunhas que vivenciaram essa tragédia, como consta nos anexos desta publicação.

A ponte do Rio Santo Antônio continua no mesmo local do dia da catástrofe. É importante destacar que o fato de a ponte ter sido carregada pelo fluxo de água e detritos durante a catástrofe (e logo em seguida ter "encalhado" na margem direita) evitou a ampliação da inundação na área urbana da cidade, especialmente a montante. Isso porque os troncos de árvores, que ficaram momentaneamente presos sob a ponte, formaram uma verdadeira barragem, destruída quando a ponte foi carregada. Os jornais Folha de S.Paulo e O Estado de S. Paulo, entre os dias 20 e 26 de março de 1967, publicaram diversas matérias sobre o assunto.

Esse fato serviu de orientação para os trabalhos recentemente realizados para a transposição do Rio Santo Antônio pela Rodovia dos Contornos, para que as pontes da nova rodovia não venham a funcionar como barragens novamente. Gramani (2001) apresentou uma síntese dos eventos ocorridos em 18 de março de 1967, a partir de relatos e buscas bibliográficas. Dividiu-os em quatro fases sucessivas ao longo do dia, associadas aos respectivos processos e períodos, conforme mostrado no Quadro 1.1.

As conexões com as cidades vizinhas, Ubatuba (ao norte) e São Sebastião (ao sul), e com o planalto, através da Rodovia dos Tamoios, ficaram interditadas, o que dificultou o socorro para a população, que só pôde chegar pelo mar e pelo ar.

Quadro 1.1   Síntese das fases da catástrofe que se abateu na cidade de Caraguatatuba em 18 de março de 1967, devido às chuvas muito intensas de recorrência milenar

Fases	Processos e períodos	Síntese do evento
Dia 18	Primeiras horas da manhã	Começaram a cair as primeiras barreiras. Às 13h veio a avalanche total de pedras, árvores e lama dos morros do Cruzeiro, Jaraguá e Jaraguazinho, enquanto outra frente se abria no Vale do Rio Santo Antônio.
1ª fase	Enchente inicial (12h-16h)	O nível do Rio Santo Antônio se elevou em alguns metros e, em alguns pontos, a água extravasou nas margens, forçando a população a procurar lugares mais seguros, o que salvou a vida de muitas pessoas antes da ocorrência da 2ª fase.
2ª fase	Escorregamentos (16h-16h30)	Fase crítica dos escorregamentos, pois alguns já tinham ocorrido. Escorregamentos generalizados. A superfície de ruptura atingia, na maior parte dos casos, a rocha sã, expondo muitas cicatrizes.
3ª fase	*Debris flows* (16h15-17h)	Os escorregamentos que atingiram as linhas de drenagem foram mobilizados (solo, rocha, árvore, água), canalizados, retidos e acumulados em barramentos naturais. Com o aumento do material acumulado e aumento da pressão, ocorreu o rompimento violento desses barramentos, gerando *debris flow*. Segundo testemunhas, o fato foi precedido de forte barulho (tipo trovão), com o material movimentando-se em forma de onda. Próximo a Caraguatatuba, a região transformou-se num *mud flow*, *wood flood*.
4ª fase	Enchente por bloqueio (17h-18h)	A ponte metálica, localizada próximo à desembocadura do Rio Santo Antônio, foi completamente bloqueada por troncos de árvores, trazidos pelos *debris flows*, formando um represamento natural que originou uma enchente de grandes dimensões. A região a montante transformou-se num imenso reservatório de água e sedimentos em suspensão. Como consequência, a ponte entrou em colapso e liberou o material.

Fonte: Gramani (2001).

    A Rodovia BR-101, que liga Caraguatatuba e Ubatuba ao norte, sofreu queda de barreiras nos trechos de Maranduba, Jetuba, Sumaré, Prainha e Martim de Sá, que cobriram parte da pista com cerca de 80 cm de lama, segundo relatos que constam no arquivo municipal.

    A Rodovia dos Tamoios, cujo traçado se desenvolve pelas encostas da Serra do Mar, sofreu danos e rupturas significativas. Em alguns trechos já não era possível reconhecer seu antigo traçado; formaram-se precipícios com mais de 100 m de desnível, de acordo com o Arquivo Municipal de Caraguatatuba. As imagens nas Figs. 1.4 e 1.5 mostram dois dos locais atingidos no trecho de serra, com destaque para as dimensões dos escorregamentos, tanto a montante como a jusante da estrada, com mobilização de solos e blocos de rocha e a devastação da vegetação.

Fig. 1.4 *Fotografia obtida a partir de sobrevoo, mostrando os danos provocados por grandes movimentos de solos e rochas no trecho de serra do município de Caraguatatuba. A estrada foi afetada em diversos trechos. Estima-se que a foto seja do trecho entre os km 69 e 70 da Rodovia dos Tamoios, ou seja, trata-se da primeira curva fechada da serra, descendo no sentido Caraguatatuba*
Fonte: Arquivo Municipal de Caraguatatuba.

A cidade ficou sem água, sem energia elétrica, sem telefone e sem conexão terrestre com as cidades vizinhas por um bom período, e o mar em frente à cidade se transformou num verdadeiro "mar de lama e de troncos de árvores". Centenas de pessoas faleceram e muitas outras sofreram ferimentos nessa tragédia. Oficialmente, constam 436 vidas perdidas, mas provavelmente foram muito mais; há estimativas que mencionam duas mil pessoas.

É interessante destacar a atuação de um radioamador, Sr. Thomaz Camanes Filho, que conseguiu contato com outros radioamadores e comunicou a tragédia que se abateu sobre a cidade, o que fez com que as autoridades paulistas e cariocas tomassem conhecimento do que havia ocorrido na cidade de Caraguatatuba, cerca de 12 a 15 horas após a catástrofe.

Fig. 1.5 *Vista de área com ruptura da pista da Rodovia dos Tamoios e escorregamentos nos taludes acima e abaixo da estrada (km 72 + 500 m). Notar a mobilização de solo ocorrida e a remoção da vegetação de grande porte nas encostas*
Fonte: Arquivo Municipal de Caraguatatuba.

Foram acionados helicópteros que começaram a sobrevoar a região, o exército deslocou um batalhão de soldados, e a marinha, utilizando suas embarcações (navio e botes), trouxe suprimentos, como água, medicamentos e médicos. Esses fatos estão descritos nos jornais publicados na época do evento e constam no Arquivo Histórico da cidade.

Informações relatam que 30 mil árvores desceram as encostas em direção ao centro da cidade, 400 casas desapareceram debaixo da lama e três mil pessoas perderam suas casas. Considerando que Caraguatatuba tinha, na época, 15 mil habitantes, esses números, mencionados nos noticiários, corroboram a dimensão da catástrofe ocorrida.

A Fig. 1.6 mostra como a Santa Casa ficou após a passagem do fluxo de água e detritos pelo Vale do Rio Santo Antônio, com acúmulos de troncos de árvores e de lama. Podem-se notar os troncos espalhados pela área e o sinal deixado pela lama na parede do hospital, com nível próximo ao parapeito das janelas. O hospital ainda permanece no mesmo local e as construções estão mantidas, aparentemente, em boas condições. Durante a visita no levantamento de campo, realizada para a presente publicação, constatou-se que as janelas parecem não ter sido substituídas.

Fig. 1.6 *Registro feito na área ocupada pela Santa Casa de Caraguatatuba. Destaque para a quantidade e as dimensões dos troncos de árvores e os depósitos de lama no local*
Fonte: Arquivo Municipal de Caraguatatuba.

A Fig. 1.7 mostra o local da ponte sobre o Rio Santo Antônio, já deslocada, como mencionado, e os depósitos de lama com areias que se espalharam por diversos quarteirões na região central da cidade. À esquerda e no canto superior da imagem, pode-se notar a Praça Ipatinga, onde se inicia a Rodovia dos Tamoios. A Rodovia

BR-101, que corta a cidade, mostra inúmeros veículos enfileirados. Da esquerda para a direita, as quatro avenidas que aparecem na parte inferior da imagem são: Av. Goiás, que parte da praça Ipatinga; Av. Ceará, a segunda que parte da BR-101, na margem direita do rio; e Av. Maranhão e Av. Piauí, as duas da margem esquerda do rio.

Na margem direita e no interior do rio, pode-se observar um obstáculo alongado, disposto praticamente paralelo à margem – provavelmente, é a estrutura da ponte que sofreu colapso.

Fig. 1.7 *Vista aérea de trecho urbano do município de Caraguatatuba com destaque para a área na qual houve a destruição da principal ponte da cidade, na BR-101 (via com veículos enfileirados). Provavelmente, a estrutura da ponte está disposta no Rio Santo Antônio, junto à margem direita (lado esquerdo da imagem). Notar a intensa erosão das margens do rio, o seu intenso assoreamento e os depósitos de lama e areia espalhados por vários quarteirões. A seta indica local da Santa Casa*
Fonte: Arquivo Municipal de Caraguatatuba.

A informação que chamou a atenção das autoridades foi a precipitação da chuva na cidade em dois dias (17 e 18 de março), que atingiu valores da ordem de 585 mm. A tragédia foi considerada a pior já ocorrida no País até então, segundo um dos maiores especialistas mundiais em mecânica de solos e fundações, o Prof. Arthur Casagrande, que na época prestava assessoria técnica aos Estados Unidos, Índia e Suíça. Ele visitou a região em 21 de julho de 1967, portanto quatro meses depois da catástrofe, a convite do governo do Estado de São Paulo, acompanhado por vários engenheiros e um geólogo brasileiros, fato já mencionado.

O Prof. Arthur Casagrande assim se referiu ao evento em um parecer técnico para a Cesp, o qual consta nos anexos deste livro:

> Catastróficos escorregamentos causados por pesadas chuvas são bem conhecidas ocorrências em várias regiões montanhosas do mundo, incluindo a Serra do Mar, pois todos os anos tenho tido oportunidade de examinar numerosos escorregamentos. Entretanto, eu nunca vi, nem li alguma notícia sobre tão grande número de escorregamentos de terra ocorridos em uma só área e em um período de poucas horas.

O relato ainda aborda aspectos técnicos, com destaque às características desses escorregamentos a partir das impressões do professor durante a visita, realçando que os escorregamentos afetaram somente o horizonte de solo residual que cobre a rocha, deixando-a parcialmente exposta.

O professor, no parecer técnico, apresentou suas "tentativas de conclusões sobre o evento" da seguinte forma:

> 5. Segundo uma testemunha ocular, os escorregamentos, de forma geral, começaram do alto, onde se pode ver árvores tombando; isso sugere que os escorregamentos foram precedidos pela abertura de rachaduras no cimo para a massa em potencial escorregar, e essas fendas facilitaram grandemente a penetração das águas através do solo, até as fendas da rocha.
> 6. A supersaturação do solo na massa a escorregar, combinada com o grande *run-off* nos regatos e rios causado pelo escorregamento de massa liquefeita e espalhada na torrente, formou uma típica torrente de lama em movimento.

Referindo-se à Rodovia dos Tamoios, sobretudo no trecho da serra, o professor destacou que nos anos subsequentes à catástrofe seria prudente, como medida preventiva, fechar o tráfego durante os períodos de chuvas pesadas, até que as cicatrizes dos escorregamentos ao longo da rodovia fossem revegetadas. Destacou ainda que danos menores continuarão a prejudicar o tráfego pela rodovia, apesar de essas encostas já terem sido submetidas a intensas chuvas, permitindo supor que estariam mais seguras, pelo menos por um determinado período.

Segundo o Prof. Casagrande, não ocorreu um terremoto que ocasionasse o evento, como imaginaram alguns moradores, mas sim uma precipitação pluviométrica excepcional, com dificuldades no escoamento das águas que saturaram as encostas, em uma área de cerca de 200 km² na escarpa da Serra do Mar, junto à Caraguatatuba. Foi, segundo os cientistas, a maior tragédia natural ocorrida no Brasil até então.

Adiciona-se que, na consulta efetuada recentemente sobre ocorrência de sismo em Caraguatatuba (ver Anexo A3), verificou-se que houve um abalo de magnitude 4.1 mb, na escala Richter, em 22 de março de 1967 às 21h12, quatro dias após a catástrofe. Na edição de 23 de março de 1967 da Folha de S.Paulo, há o relato de um tremor de terra no Litoral Norte e Vale do Paraíba, às 21h30 de 22 de março de 1967, sem vítimas. A edição de 24 de março de 1967 do Estado de S. Paulo também informa sobre o abalo sísmico:

> "Como diversos observadores perceberam o fenômeno simultaneamente, embora separados por uma distância grande, é provável que se trate realmente de um abalo sísmico que ocorreu anteontem [...]" afirma o Prof. Viktor Leinz, catedrático de Geologia da Faculdade de Filosofia da USP.

Em outro trecho, a mesma matéria noticia: "O Prof. Leinz tranquiliza principalmente as populações de Caraguatatuba e adjacências, dizendo que não existe qualquer relação causal entre abalos daquela pequena intensidade e deslizamentos de terra".

1.2 A tragédia sobre a Fazenda dos Ingleses

A Fazenda dos Ingleses ocupava uma área de 4.020 alqueires, e essa gleba era interceptada pelos Rios Juqueriquerê, Claro, Pirassununga e Camburu, entre outras drenagens de menor porte, embora muitas delas navegáveis por chatas (pequenas embarcações). Nessa fazenda residiam milhares de pessoas envolvidas com a produção de frutas para exportação, desde 1927 até 1967, quando os movimentos de massas, relacionados à catástrofe, destruíram parcialmente as áreas de cultivo.

O livro *Uma Fazenda Inglesa no Universo Caiçara* (Kok, 2012) relata todo o histórico da formação, operação, produção e exportação das frutas cultivadas durante 40 anos, período em que essa fazenda foi o orgulho da região de Caraguatatuba. A seguir, são apresentadas algumas informações relevantes sobre o local antes da catástrofe, extraídas dessa obra:

> Bananas e cítricos (principalmente o *grapefuit*, apreciadíssimo no café da manhã britânico) foram os principais produtos da fazenda, que passou a produzir frutos de altíssima qualidade em quantidade suficiente para encher mais de um navio por mês. Em 1931 havia 1 milhão e duzentos mil pés de bananeiras, que chegou posteriormente a 4 milhões de pés (Kok, 2012).

Como consta no referido livro, "a estrutura da Fazenda dos Ingleses logo chegou a comportar um número de empregados equivalente à população de Caraguatatuba", e a infraestrutura interna instalada fazia inveja à população urbana da cidade.

A empresa responsável pela operação da fazenda, a Companhia Brasileira de Frutas, realizava trabalhos de retificação e limpeza do "leito do Rio Juqueriquerê, tornando-o navegável. Adquiriu 20 chatas com capacidade de 55 toneladas, que eram puxadas por rebocadores". Consta no livro que na fazenda existia "uma rede ferroviária interna com bitola de 60 cm e 120 km de extensão (tronco e 40 ramais)".

Como já foi mencionado, a gleba da fazenda foi atingida pela catástrofe de 1967 de forma drástica (Fig. 1.8), e sofreu cobertura de lama, acúmulo de blocos de rocha e de troncos de árvores. Como Kok (2012) descreveu, esse evento catastrófico causou danos à rede de infraestrutura interna da fazenda, cuja recuperação exigia investimento elevado; por causa disso, e também do declínio do comércio de frutas na Inglaterra, decidiu-se pelo encerramento das atividades do empreendimento. Para evitar o impacto que essa decisão poderia causar pelo "desemprego de quase mil famílias, a desativação da empresa foi feita gradativamente por seções. Os trabalhadores foram indenizados e permaneceram na fazenda ou se estabeleceram nos Bairros do Tinga, Poiares e Porto Novo".

Segundo Kok (2012),

> a cidade de Caraguatatuba voltou-se basicamente às atividades turísticas. Posteriormente o terreno da fazenda foi vendido para a empresa construtora de obras civis, Serveng Civilsan, que passou a atuar exclusivamente no ramo pecuário, chegando a ser a maior produtora de leite B do Brasil.

Atualmente, a área é conhecida como Fazenda Serramar, situada atrás do *shopping* de mesmo nome.

Fig. 1.8 *Parte das edificações da Fazenda dos Ingleses atingida pelos fluxos de lama, areia e troncos de árvores*
Fonte: Arquivo Municipal de Caraguatatuba.

1.3 Breves relatos de Costa Nunes e Fred Jones comparando o evento de Caraguatatuba com o da região da Serra das Araras (RJ)

Outro significativo relato sobre a catástrofe de Caraguatatuba foi feito de forma comparativa por Costa Nunes (1971) ao descrever, com detalhes, evento semelhante que ocorreu entre a noite do dia 22 e a madrugada de 23 de janeiro de 1967 na Serra das Araras, no Estado do Rio de Janeiro. Cita o geólogo Fred Jones (U.S. Geological Survey) que os eventos da Serra das Araras e de Caraguatatuba foram os que mobilizaram os maiores volumes de terra registrados até então na literatura geológica e geotécnica (Jones, 1973).

A área atingida na Serra das Araras tinha uma extensão de 24 km de comprimento e 7,5 km de largura. Segundo o relato, a intensidade de chuva chegou a 200 mm em quatro horas, com período de retorno de cerca de 2.000 anos. O número de vítimas foi estimado em 1.000 (Costa Nunes, 1971), e os danos a instalações industriais, a uma usina hidroelétrica e a propriedades edificadas foram inestimáveis (Jones, 1973). A Via Dutra ficou parcialmente interrompida de janeiro a setembro de 1967, obrigando os veículos a usarem um longo desvio, aumentando em duas horas o tempo de viagem entre as cidades de São Paulo e do Rio de Janeiro (Costa Nunes, 1971).

Segundo Costa Nunes et al. (1979), eventos como os de 1967, na Serra das Araras e em Caraguatatuba, foram causados por uma *violent erosion*, um verdadeiro *hidraulicking* (desmonte hidráulico) de encostas serranas, conforme expressões usadas por Costa Nunes (1971). As intensas tempestades que caíram nessas partes altas das encostas íngremes das serras, constituídas por solos predominantemente siltosos, favoreceram a formação de sulcos erosivos, e as camadas de solos adjacentes sofreram colapso em direção ao seu fundo, como uma avalanche. Ainda segundo esse autor, o fenômeno não estava incluso nas classificações de escorregamentos conhecidas e disponíveis na época.

1.4 Síntese do relato da Prof.ª Olga Cruz sobre o evento catastrófico de Caraguatatuba

A Prof.ª Olga Cruz (1990) menciona em seu trabalho os altos índices pluviométricos ocorridos nos dias 17 e 18 de março de 1967 nas encostas da serra no município de Caraguatatuba, o que também foi citado em Cruz (1974), Fulfaro et al. (1976) e Ab'Saber (1985), entre outros. Em consequência dessa alta pluviosidade na serra no verão de 1967, a autora cita que cerca de 40 km da escarpa costeira sofreu ação de extensos e intensos processos de movimentos de massa, causando grande impacto ambiental, concentrado no entorno da cidade de Caraguatatuba. Ela destaca que o volume precipitado propiciou acúmulo de água no lençol freático e a saturação progressiva dos solos que recobrem as rochas, causando o movimento de massa.

A autora informa que a bacia do Rio Santo Antônio drena a face leste do Pico do Tinga, bem como as faces oeste dos diversos morros que contornam a bacia. Segundo a interpretação de Cruz (1990), esses morros, que estão em boa parte separados das vertentes da serra pelo falhamento geológico de Bertioga-Caraguatatuba ou dos Quinhentos Reis, constituem-se em esporões ou morros-testemunhos.

O sistema de drenagem das águas pluviais, de acordo com a autora, obedece a direção das estruturas geológicas. Ela ainda descreve que a rede de drenagens estabeleceu a distribuição dos inúmeros escorregamentos. As encostas do Pico do Tinga com declividades acima de 22° apresentaram-se como áreas mais propícias para o desenvolvimento de escorregamentos alongados e estreitos (escorregamentos translacionais rasos); amplitudes de mais de 600 m concentraram deslizamentos em canais plúvio-fluviais numa extensão aproximada de 200-250 m (Cruz, 1990).

Já na encosta do Pico do Tinga voltada para sudeste, "ocorreram escorregamentos curtos e largos em amplitudes de 150-200 m e extensões de 25 m, desnudando flancos rochosos em cicatrizes de mais de 50 m de largura".

Segundo Cruz (1990), as drenagens que nascem entre as altitudes de 800 m e 850 m nos topos das escarpas a nordeste desaguam no Rio Santo Antônio perto da sede do Parque Florestal. A professora destaca que o vale de um ribeirão afluente da margem esquerda do Rio Santo Antônio mostra a organização da rede de escorregamentos que ocorreu no evento de 1967. Em sua avaliação, essas drenagens instaladas nas escarpas entre 800-900 m transportaram, na época,

> por quase 1 km, materiais com blocos de até 5 m de diâmetro maior, misturados a troncos, galhos e lama, para entulhar o pequeno alvéolo de montante e recobrir a planície do grande alvéolo a jusante e a do baixo Rio Santo Antônio até o mar (Cruz, 1990).

1.5 Antes e depois da catástrofe: a cidade vista de cima

A seguir, nas Figs. 1.9 a 1.12 são apresentadas comparações entre fotos aéreas de parte do município de Caraguatatuba, nas proximidades da foz do Rio Santo Antônio, do Morro Santo Antônio, da Fazenda Serramar e do trecho em serra da Rodovia dos Tamoios. As imagens são dos anos 1962 (acervo do IPT), 1973 (acervo do IPT) e 2021 (Google Earth, extraídas a partir do *software* QGIS).

É interessante notar que muitas das cicatrizes visíveis em 1973 são ainda muito marcadas nas imagens de 2021, o que mostra como um evento como o de 1967 deixou marcas nas encostas e dificultou o crescimento da vegetação de muitos locais por décadas.

A avaliação das fotos aéreas permite observar as dimensões da área afetada e dos escorregamentos, o extenso raio de alcance das massas transportadas por meio de intensos fluxos de água, lama e detritos, a força erosiva alargando o principal rio da região e criando outros caminhos de água nas vertentes da serra, a quantidade de material vegetal mobilizado das altas e médias vertentes e a possibilidade de muitos outros impactos no município.

Adicionalmente, pode-se observar nas imagens de 2021, em comparação com as de 1973, que a ocupação urbana de Caraguatatuba aumentou e, inclusive, as áreas afetadas pela corrida de lama de 1967 foram densamente ocupadas, de maneira que tal população está sob risco de eventuais novas ocorrências de *debris flow*.

Fig. 1.9 *Comparações de imagens aéreas na região da Santa Casa e foz do Rio Santo Antônio: (A) 1962, (B) 1973 e (C) 2021*
Fonte: (A) Aerofoto Natividade (1962), (B) IBC-Gerca (1971/1973) e (C) Google Earth.

Fig. 1.10 *Comparações de imagens aéreas na região do Morro Santo Antônio: (A) 1962, (B) 1973 e (C) 2021*
Fonte: (A) Aerofoto Natividade (1962), (B) IBC-Gerca (1971/1973) e (C) Google Earth.

Fig. 1.11 *Comparações de imagens aéreas na região da Fazenda Serramar: (A) 1962, (B) 1973 e (C) 2021*
Fonte: (A) Aerofoto Natividade (1962), (B) IBC-Gerca (1971/1973) e (C) Google Earth.

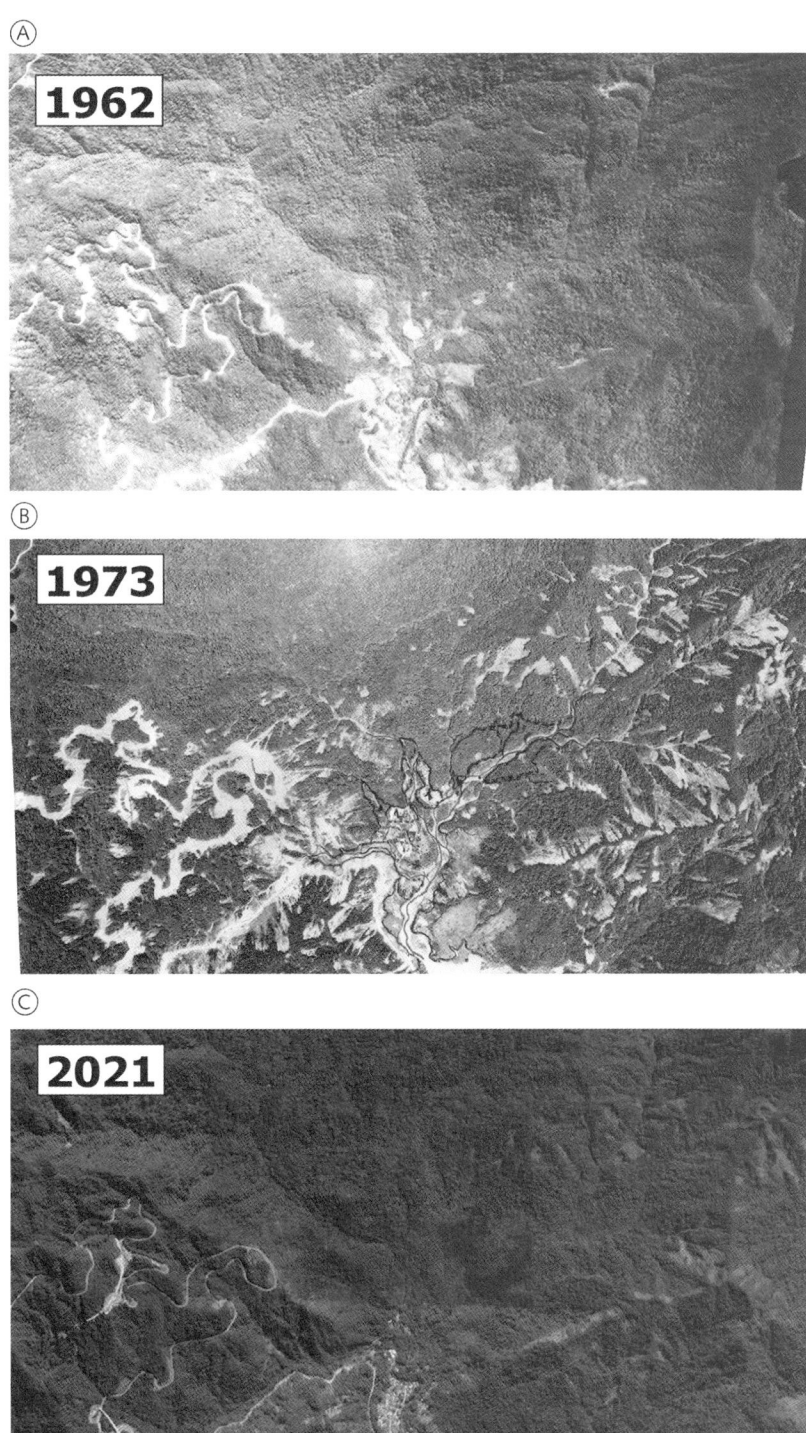

Fig. 1.12 *Comparações de imagens aéreas na região da Rodovia dos Tamoios, trecho serra: (A) 1962, (B) 1973 e (C) 2021*
Fonte: (A) Aerofoto Natividade (1962), (B) IBC-Gerca (1971/1973) e (C) Google Earth.

1.6 Conclusões

O enfoque no histórico da catástrofe e nas suas consequências foi feito com base nas diversas consultas ao Arquivo Municipal de Caraguatatuba, aos meios eletrônicos disponíveis (internet), a imagens de satélites (Google Earth) e bibliotecas. Foram consultados vários registros, como o livro sobre a história da Fazenda dos Ingleses (atual Fazenda Serramar) e trabalhos acadêmicos que também tratam do evento e suas consequências, o que permitiu a elaboração de uma síntese dos acontecimentos. Abordagens mais técnicas de especialistas, tanto estrangeiros como nacionais, também foram encontradas, descrevendo a catástrofe como uma das únicas em sua dimensão, em comparação com outras ocorrências em nível mundial.

As imagens de 1962, 1973 e 2021 permitiram obter uma visão histórica desses diferentes momentos da região (antes, logo depois e nos dias de hoje) e da fisiografia remanescente da área da catástrofe, que pode se repetir com consequências muito mais trágicas, frente ao drástico aumento da ocupação populacional.

Agradecimentos

Agradecemos à historiadora Denise Lemos, do Arquivo Municipal Arino Sant'Ana de Barros, de Caraguatatuba, por nos receber muito bem na sede do arquivo, disponibilizar o material e nos enviar posteriormente fontes relacionadas ao tema.

Agradecemos também a Aroldo R. da Silva, do Cima-Sirga/IPT (Cidades, Infraestrutura e Meio Ambiente – Seção de Investigações, Riscos e Gerenciamento Ambiental do Instituto de Pesquisas Tecnológicas do Estado de São Paulo), pelo auxílio com as fotos aéreas antigas de 1962 e 1973 da região de Caraguatatuba.

Referências bibliográficas

AB'SABER, A. N. A gestão do espaço natural (relembrando Caraguatatuba 1967, para compreender Cubatão, 1985). *Revista Arquitetura e Urbanismo*, Rio de Janeiro, v. 1, n. 3, p. 90-93, 1985.

AEROFOTO NATIVIDADE. *Levantamento aerofotogramétrico*. Escala aproximada 1:25.000. Contratante: Secretaria da Agricultura do Estado de São Paulo, 1962. 4 fotografias.

COSTA NUNES, A. J. Landslide in soils of decomposed rock due to intense rainstorms. In: 7TH INTERNATIONAL CONFERENCE OF SOIL MECHANICS AND FOUNDATION ENGINEERING, v. 2, Mexico, 1971. p. 547-554.

COSTA NUNES, A. J.; COUTO, C.; FONSECA, A. M. M.; HUNT, R. R. Landslides of Brazil. In: VOIGHT, B. (Ed.). *Rockslides and Avalanches*. Volume 2: Engineering Sites. New York: Elsevier, 1979. p. 419-446.

CRUZ, O. A Serra do Mar e o litoral na área de Caraguatatuba: contribuição à geomorfologia litorânea tropical. 181 p. 1974. *Teses e monografias*, v. 11, Instituto de Geografia da USP, São Paulo, 1974.

CRUZ, O. Contribuição geomorfológica ao estudo de escarpas da Serra do Mar. *Rev. IG*, São Paulo, v. 8-11, n. 1, p. 9-20, jan.-jun. 1990.

FOLHA DE S.PAULO. Edições de 20/03 a 26/03/1967. São Paulo, 1967. Disponível em <https://acervo.folha.com.br>. Acesso em: 30 set. 2021.

FULFARO, V. J.; PONÇANO, W. L.; BISTRICHI, C. A.; STEIN, D. P. Escorregamento de Caraguatatuba: expressão atual e registro na coluna sedimentar da planície costeira adjacente. In: CONGRESSO BRASILEIRO DE GEOLOGIA DE ENGENHARIA, 1., Rio de Janeiro, 1976. *Anais...* v. 2. Rio de Janeiro: Associação Brasileira de Geologia de Engenharia, 1976. p. 341-350.

GRAMANI, F. G. *Caracterização Geológico-Geotécnico das Corridas de Detritos* (debris flows) *no Brasil e comparação com alguns casos internacionais.* 2001. 371 p. Dissertação (Mestrado) – Escola Politécnica da Universidade de São Paulo, São Paulo, 2001.

IBC-GERCA. *Levantamento Aerofotogramétrico.* Escala 1:25.000. Contratante: Secretaria da Agricultura do Estado de São Paulo, 1971/1973.

JONES. F. O. Landslides of Rio de Janeiro and Serra das Araras escarpment, Brazil. *US Geol. Surv.*, Prof. paper 697, 42 p., 1973.

KOK, G. *Uma Fazenda Inglesa no Universo Caiçara.* 1 ed. São Paulo: Ed. Neotropical Ltda., 2012. 119 p.

2 O que é um *debris flow*?

Marcelo Fischer Gramani
Faiçal Massad

2.1 Descrição do fenômeno e suas causas

Alguns dos episódios mais destrutivos e súbitos de movimentos de massa ocorridos em território brasileiro são descritos na literatura nacional como fenômenos superficiais do tipo corrida (*debris flow*, fluxo de detritos, corridas de detritos ou mesmo corridas de massa). As corridas de massa-detritos-lama-vegetação constituem-se no processo mais expressivo nas regiões serranas do País, pelo alto poder destrutivo e pela complexidade de previsão de sua ocorrência. Transportam grandes volumes de sedimentos e água, têm extenso raio de alcance, elevado poder destrutivo e estão associadas a índices pluviométricos excepcionais.

As centenas de escorregamentos que marcaram as escarpas da Serra do Mar, na região de Caraguatatuba em 17 e 18 de março de 1967, nas bacias dos Rios Santo Antônio, Guaxinduba, Pau D'Alho, Caxeta e Camburu, são considerados um exemplo extraordinário desse fenômeno. Tais processos superficiais podem provocar danos em obras de infraestrutura ou à própria natureza, como foram os casos da Serra das Araras (RJ), em fins da década de 1960; os fluxos que afetaram a Estrada de Ferro Santos-Jundiaí e o Viaduto Grota Funda, na década de 1970; as corridas de blocos recorrentes no município de Lavrinhas (Vale do Paraíba, SP); os eventos em Santa Catarina, em 2008, e no Rio de Janeiro, em 2011 (Vieira; Gramani, 2015). São características comuns a esses casos os aspectos do meio físico e os valores das precipitações de chuvas.

No que se refere ao evento na Serra das Araras (RJ), assim escreveu Olga Cruz (1974, p. 13) em sua tese de doutorado:

> Em janeiro de 1967, na noite de 22 para 23, a Serra das Araras, no Estado do Rio, foi atingida por violento temporal. Grande parte de suas vertentes sofreram escorregamentos, atingindo severamente as usinas hidroelétricas da Rio-Light S.A. Esse temporal foi antecedido por chuva miúda e os escorregamentos verificaram-se depois de quatro horas de chuvas fortes (225 mm), com ventos violentos, relâmpagos, formação de *cumulonimbus* em chaminé, cuja base inferior desembocava sobre a usina Nilo Peçanha, a mais atingida.

Esses fluxos estão associados a compartimentos geomorfológicos caracterizados por relevos de escarpas serranas ou morros, onde predominam fatores importantes na preparação dos movimentos: encostas e rios com altas declividades e disponibilidade de materiais para serem transportados. Geralmente são locais sujeitos a altos índices pluviométricos. Os movimentos de massa do tipo corridas são, portanto, processos atuantes na dinâmica de evolução do relevo em regiões acidentadas. Tais áreas são passíveis de um zoneamento em termos de potencialidade de ocorrência (distribuição espacial) e mesmo de previsão de condições extremas de chuva (distribuição temporal). No Estado de São Paulo, por exemplo, as zonas regionais potencialmente mais favoráveis à ocorrência de corridas seriam as áreas de domínio da Serra do Mar e da Serra da Mantiqueira (Gramani, 2001).

Os *debris flows* ocorrem geralmente após longos períodos pluviométricos, quando uma chuva de 6 mm a 10 mm em dez minutos pode provocar o escorregamento de massas de solo e rocha das encostas para dentro de um curso d'água (Suwa, 1989; Cruz; Massad, 1997; Kanji et al., 1997). Há, inclusive, situações em que precipitações de elevadas magnitudes (100 mm ou mais) se concentram em uma hora no dia do evento, causando um verdadeiro *hidraulicking* (desmonte hidráulico) de encostas serranas, conforme expressão usada por Costa Nunes (1971) ao descrever os *debris flows* na Serra das Araras no Rio de Janeiro ocorridos em janeiro de 1967, portanto, cerca de dois meses antes de Caraguatatuba.

Eles se desenvolvem em períodos muito curtos (poucos minutos), com velocidades de 5 a 20 m/s e vazões de pico que podem alcançar valores de 10 a 20 ou mais vezes superiores à vazão de cheia (água) para a mesma bacia e mesma chuva. Os *debris flows* são extremamente erosivos, e geram grandes pressões de impacto, de 30 a 1.000 kN/m^2.

Essas corridas de massa são consideradas um dos mais expressivos mecanismos para transportar materiais provindos de escorregamentos nas encostas e depósitos acumulados nos canais de drenagem. O fluxo de água se mistura com as frações de silte e argila do solo, forma uma lama que flui rio abaixo, transportando areia, cascalho, blocos de rocha, troncos e galhos de árvore a grandes distâncias, mesmo em baixas declividades (5° a 15°). Parte do material do leito dos canais de drenagem é remobilizada e transportada. Ademais, a erosão das margens tende a ampliar a largura dos leitos dos rios. A concentração de sólidos, em volume, pode variar em ampla faixa de valores, de 30% a 70%. Na sua desaceleração e consequente deposição, os *debris flows* inundam e cobrem áreas com grande volume de material e variáveis espessuras.

Conforme descrito por Cruz e Massad (1997) e Kanji et al. (2016, p. 184), os *debris flows* "são fenômenos recorrentes, da mesma maneira que as precipitações pluviométricas, cheias de rios, sismos etc., e seguem os mesmos princípios que se aplicam a esses outros processos". Os autores destacam algumas características típicas dos fluxos:

- A sua chegada em alta velocidade é repentina, trazendo na frente uma concentração quase seca dos maiores blocos de rocha.
- Os blocos de rocha boiam ou "surfam" na massa em movimento, devido às forças de dispersão, associadas a efeitos viscosos e de submersão.
- Nos seus depósitos, ocorre uma granulometria invertida, em que os blocos maiores estão no topo dos sedimentos e a frente apresenta maior concentração de blocos de rocha, permitindo distinguir corridas sucessivas.
- Além de lama e grandes blocos, a massa transporta troncos, galharada e outros detritos, que podem se aglomerar em passagens estreitas, naturais ou artificiais, como vertedores ou tubos, causando barramentos, galgamentos e extravasamentos.

Favorecem a sua ocorrência, entre outras causas:
- as altas declividades das escarpas montanhosas;
- o clima tropical, com formação de espessas camadas de solos residuais e depósitos coluvionares e aluvionares;
- as drenagens íngremes;
- a disponibilidade de materiais soltos;
- a elevada pluviosidade;
- a destruição da vegetação das encostas, causada por ação antrópica, como descarga de poluentes na atmosfera e incêndios;
- a ocupação desordenada de encostas naturais e de várzeas dos córregos e rios;
- o abandono de obras pelo poder público, como foi o caso do Caminho do Mar, em Cubatão.

O meio técnico nacional ainda se encontra numa fase de conceituação e descrição do fenômeno, de simulações numéricas, e se depara com um problema, conforme Hungr, Leroueil e Picarelli (2014) elucidam: "a massa em escoamento se comporta como um fluido, no qual os parâmetros reológicos não podem ser medidos em laboratório ou ensaios *in situ*; mas podem ser obtidos por retroanálises de eventos passados reais". No entanto, existe a possibilidade de realizar análises simplificadas, semiempíricas, como as propostas por Massad et al. (1997), Massad, Kanji e Cruz (2009) e Massad, Cruz e Kanji (2009), com base:
- na experiência japonesa (conforme IPT, 1990);
- em estimativas de volumes de material passíveis de escorregamento e remobilizações dos leitos dos córregos;
- em formulações hidrológico-hidráulicas do fluxo dos detritos.

Há, ainda, a preocupação de definir termos que ajudem a homogeneizar a linguagem da comunidade na descrição dessas ocorrências e processos. Casos recentes confirmaram algumas peculiaridades e necessidades de entendimento para diferentes bacias hidrográficas.

Conforme proposto por Gramani e Augusto Filho (2004) e Augusto Filho, Magalhães e Gramani (2005), é fundamental responder a algumas questões para se estabelecer uma gestão de riscos que minimize os danos:

- Quais as bacias hidrográficas mais sujeitas à deflagração das corridas de massa? (Onde?)
- Com que frequência ou probabilidade esses eventos podem ocorrer nessas bacias? (Quando?)
- Quais os volumes de material mobilizado, seus respectivos raios de alcance e provável trajetória? (Magnitude?)

Assim, há necessidade de estudos mais aprofundados dos mecanismos de ocorrência e dinâmica do processo para permitir melhor planejamento de medidas preventivas no sentido de reduzir o caráter catastrófico do fenômeno. A escolha de indicadores de risco e indicadores de alerta é fundamental para antecipar e, portanto, minimizar os impactos negativos decorrentes destes processos.

2.2 Características e feições sedimentares

O movimento da massa é *sui generis*: forma-se uma "camada crítica" de lama na parte inferior, que mantém os pedregulhos e os blocos de rocha em suspensão e em movimento (Fig. 2.1). Quando o *debris flow* se espalha, ou quando a declividade é baixa, a "camada crítica" de lama diminui, bem como a velocidade do fluxo. Nesse momento, os blocos maiores, que têm maior velocidade que a lama, tombam e param, por atrito. Uma nova onda do fluxo pode ser retida pelos blocos que já pararam, formando um pequeno barramento, ou então galga esses blocos e continua fluindo (Fig. 2.2). O fenômeno de galgamento é comum em fluidos em velocidade. A água, assim como a lama e os rejeitos fluidos, pode galgar estruturas com facilidade surpreendente (Cruz; Massad, 1997).

De acordo com Oldrich Hungr, "a trajetória do *debris flow* (DF) normalmente é forçada e coincide com o canal de drenagem nas porções superiores das bacias… mas nas porções médias e de baixada o fluxo pode ser desviado".

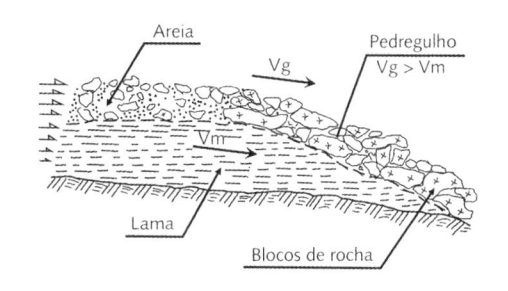

Fig. 2.1 *Gradação granulométrica invertida: o material mais grosso, em suspensão, flutua sobre a lama*
Fonte: Cruz e Massad (1997).

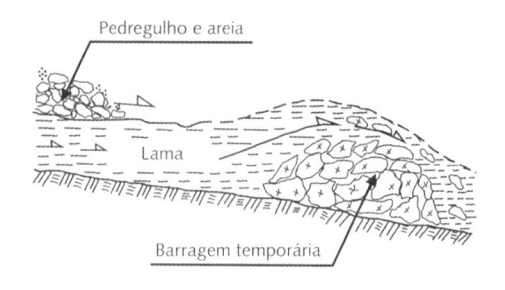

Fig. 2.2 *Formação de pequena barragem temporária e galgamento dos blocos, que continuam fluindo*
Fonte: Cruz e Massad (1997).

Os *debris flows* geralmente se movimentam na forma de ondas ("pulsos" ou *surges*), em intervalos de poucos minutos até algumas horas (Figs. 2.3 e 2.4). A Fig. 2.3 representa, de maneira esquemática, algumas feições das corridas e seus respectivos depósitos, mostrando como os materiais são transportados (seção longitudinal e planta) e como são depositados ao longo das drenagens (seção transversal). Esses fluxos seguem, de preferência, canais de drenagem, e os "pulsos" são caracterizados por elevados picos de descarga de sedimentos. Nas corridas de massa, os sedimentos são depositados em conjunto, mantendo a disposição das partículas e a distribuição granulométrica, como se o movimento fosse "congelado" (Fisher, 1971; Hungr; Leroueil; Picarelli, 2014). Diferem-se de outros fluxos que ocorrem em canais de drenagens serranas, tais como os *debris floods* e as inundações com alta carga de sedimentos finos ("enchentes sujas").

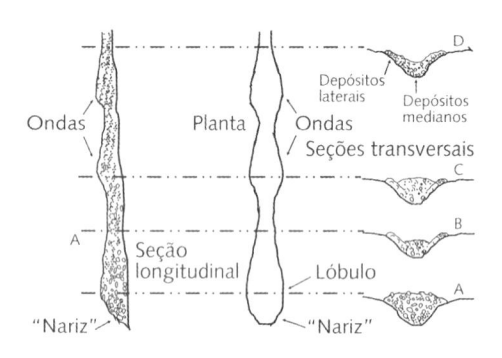

Fig. 2.3 *Feições típicas dos* debris flows: *distintas formas ao longo do canal, distribuição granulométrica diferenciada (depósitos) e dinâmica de transporte por "pulsos" ao longo dos canais de drenagem*
Fonte: Johnson (1970).

Uma situação comum na ocorrência das corridas de massa é a possibilidade de formação de barramentos naturais em pontos específicos das drenagens, denominados barragens naturais (*natural dams*) ou barragens de escorregamentos (*landslide dams*). Esses barramentos são temporários e podem ser formados por escorregamentos de grandes volumes de terra e blocos de rocha sobre as calhas de córregos e rios, favorecidos pelo entrelaçamento de troncos de árvores transportados pelo fluxo em trechos estrangulados da drenagem (Figs. 2.5 a 2.7). Eles podem atingir grandes alturas e reter gigantescos volumes de água. Em face das condições precárias dos materiais que as formam, incluindo heterogeneidade do maciço, e ao seu formato irregular, tanto ao longo da crista quanto nas suas saias, essas barragens podem sofrer três tipos de ruptura:

a) por transbordamento;
b) por erosão interna (*piping*);
c) por ruptura remontante de seu talude de jusante.

(A) Lóbulo deposicional

"Cauda" da corrida de detritos

Blocos grandes e troncos de árvores normalmente "flutuam" para as porções superiores do depósito

"Nariz" (frente da corrida de detritos)

(B) Depósitos

Plug

Depósitos de materiais mal selecionados

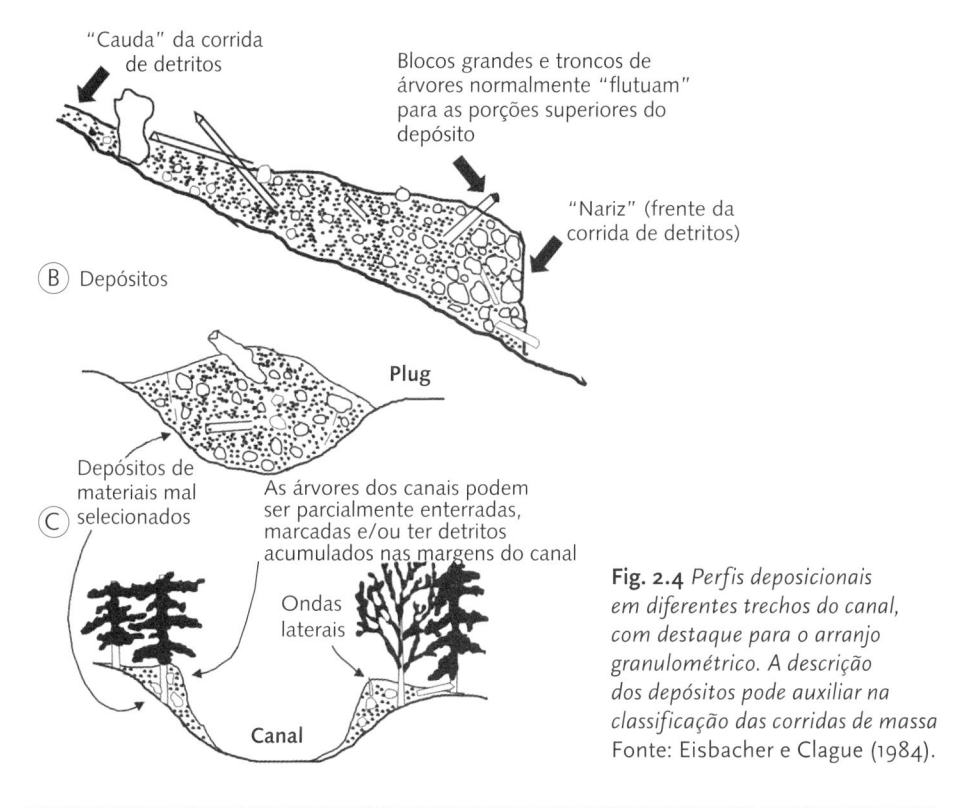

(C)

As árvores dos canais podem ser parcialmente enterradas, marcadas e/ou ter detritos acumulados nas margens do canal

Ondas laterais

Canal

Fig. 2.4 *Perfis deposicionais em diferentes trechos do canal, com destaque para o arranjo granulométrico. A descrição dos depósitos pode auxiliar na classificação das corridas de massa*
Fonte: Eisbacher e Clague (1984).

Fig. 2.5 *Barramento natural formado por grandes blocos de rocha e entrelaçamento de troncos de árvores em local de estrangulamento do Córrego dos Pilões na Serra do Mar*
Fonte: Gramani (2014).

Fig. 2.6 *Registro de setor do Rio Palmital, na área urbana de Itaoca-SP, afetado por inundação com alta carga de sedimentos. Notar a quantidade e as dimensões dos materiais vegetais transportados pelo fluxo*
Fonte: Prefeitura Municipal de Itaoca-SP.

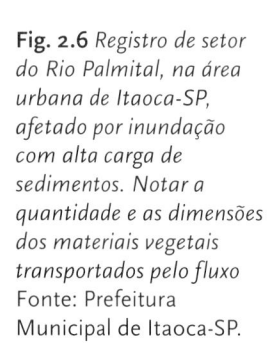

Fig. 2.7 *Registro de setor do Rio Palmital afetado por inundação com alta carga de sedimentos. Notar a quantidade e as dimensões dos materiais vegetais transportados pelo fluxo e que favoreceram o desvio do fluxo de água*
Fonte: Prefeitura Municipal de Itaoca-SP.

A magnitude de um *debris flow* gerado pelo colapso de barramentos temporários depende do tipo de ruptura. Em tese, a ruptura por transbordamento deve ter um maior impacto, pois a altura da lâmina da água é maior. As duas outras rupturas podem ocorrer com lâminas de água menores. As situações de bloqueios temporários e posteriores rupturas interferem na dinâmica de escoamento dos fluxos, podendo alterar o raio de alcance das massas e suas respectivas trajetórias.

A Fig. 2.8 mostra o local onde provavelmente existiu um barramento natural e temporário durante os fluxos de detritos que ocorreram no Córrego Vieira, município de Teresópolis (RJ). Estudos de campo e entrevistas com a população do município de Lavrinhas (Vale do Paraíba, SP) relatam que foram registrados pelo menos três "pulsos" (ondas) durante o evento. O bloqueio e a posterior ruptura brusca, liberando grande quantidade de material para a drenagem, seriam uma explicação para a geração desses "pulsos".

As Figs. 2.9 e 2.10 ilustram outra situação de barramento natural, acumulação de blocos de rocha na porção superior e posterior ruptura no Córrego Guarda-Mão, no município de Itaoca-SP (Gramani; Martins, 2016). Nesse caso, também foram relatadas diferentes ondas que atingiram a área rural e urbana do município.

Fig. 2.8 *Visão geral de setor retilíneo e fechado do Córrego Vieira (Teresópolis, RJ). Evidências de campo indicam grande possibilidade de formação de barramento natural e temporário nesse setor da drenagem (médio vale)*

Fig. 2.9 *Visão geral de setor estrangulado do córrego Guarda-Mão, no município de Itaoca (Serra do Mar, SP). Evidências de campo indicam grande possibilidade de formação de barramento natural e temporário nesse setor da drenagem, com posterior ruptura*
Fonte: Gramani e Martins (2016).

Fig. 2.10 *Vista, de jusante para montante, a partir do topo da cachoeira mostrada na Fig. 2.9. Trata-se de estrangulamento de drenagem que possibilitou a formação de barragem natural e acúmulo de sedimentos*
Fonte: Gramani e Martins (2016).

No Japão, Takahashi (2007) relata barramentos com lâminas d'água de até 65 m e volume de água retido de $1,7 \times 10^7$ m³. As barragens de Limoeiro e Euclides da Cunha (SP), construídas com solo compactado, que romperam por transbordamento em 1977, retinham volumes de água dessa ordem de grandeza no início da formação das brechas, com lâminas d'água de 1 m acima das suas cristas. Ainda no Japão, Takahashi (2007) menciona caso de formação de 53 barragens naturais durante chuvas extremas, das quais 70% romperam. Esse mesmo autor cita dados estatísticos mundiais, de até fins da década de 1980, que mostram que 27% das *landslide dams* romperam após um dia de formação; 56% após um mês; e 85% após um ano. Esses dados são importantes para se ter uma ideia do tempo disponível para ações emergenciais após desastres naturais provocados por chuvas intensas.

No Brasil, outro exemplo de corrida de massa gerada por barramento natural ocorreu em 2013 nas proximidades do túnel TA-10/11 da pista ascendente da Rodovia dos Imigrantes. Uma sequência de escorregamentos no terço superior da Serra do Mar, e consequente mobilização de considerável volume de solo, rocha e árvores para trecho estreito do canal de drenagem, possibilitou a obstrução e posterior ruptura repentina do material, potencializando a magnitude dos fluxos (Altrichter; Gramani, 2014).

2.3 Classificação das corridas de massas de acordo com sua origem

Quanto à origem, identificam-se dois grandes grupos de corridas de massas (IPT, 1987, 1988):

a) *Origem primária*: as corridas de massa iniciam-se com escorregamentos nos terços superiores das encostas das bacias hidrográficas dos canais de drenagem, seguidos da remobilização do material aluvionar do leito e de depósitos antigos (colúvios), e erosão das margens (solos residuais). Os casos de Caraguatatuba (SP), Serra das Araras (RJ), e Córrego das Pedras (Cubatão, SP) são exemplos de processos de origem primária.

b) *Origem secundária*: as corridas de massa formam-se no próprio canal de drenagem, a partir da ruptura de barragens naturais ou de materiais depositados no seu leito. Os casos do Córrego do Vieira (região serrana do Rio de Janeiro) e do Córrego Guarda-Mão (Itaoca, SP) são exemplos de processos de origem secundária.

A Fig. 2.11 ilustra o cenário de risco associado à geração de corridas de massa em ambientes serranos. Os fluxos, que transportam solo, rochas e matérias vegetais em diferentes quantidades, escoam predominantemente ao longo dos canais de drenagem. Nesse percurso, há desde a incorporação de materiais presentes no leito e na margem dos cursos d'água até a deposição parcial dos sedimentos. Ainda na Fig. 2.11 são mostrados, a partir do trabalho de Vandine (1985), quatro diferentes trechos ao longo do canal e as respectivas inclinações, evidenciando situações distintas para: (1) início, (2) transporte e deposição de sedimentos, (3) deposição parcial e (4) deposição.

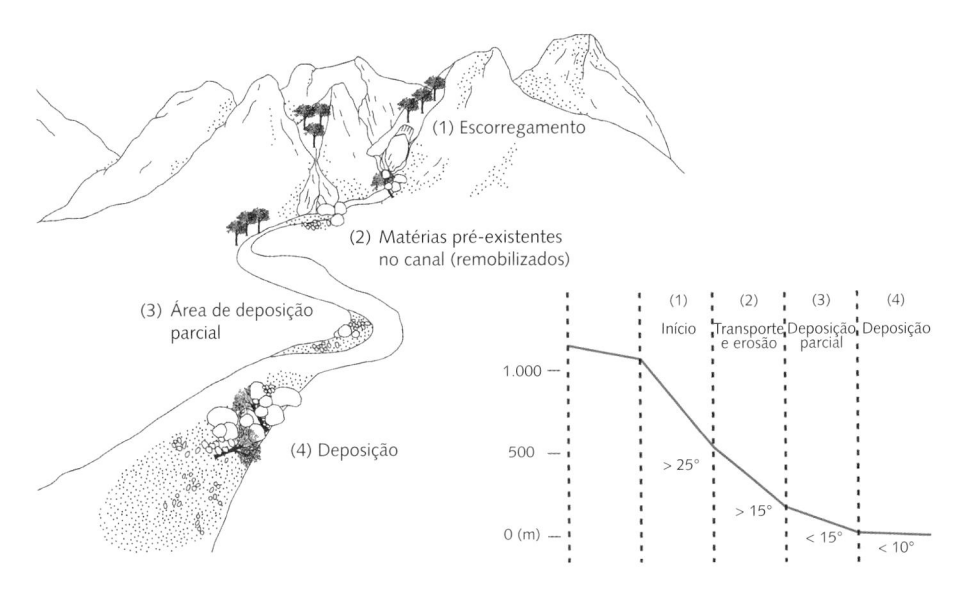

Fig. 2.11 *Cenário de risco associado à geração de corridas de massa*
Fonte: Dias (2017).

Os acidentes em Caraguatatuba (SP) e na Serra das Araras (RJ) em 1967, que envolveram centenas de escorregamentos, são do tipo primário. Mas a diversidade de algumas ocorrências recentes no Brasil, com *debris flows* do tipo secundário, mostra a necessidade de ampliar os conhecimentos e as investigações geológicas sobre o fenômeno. O caso de Guaratuba (PR) em 2017, ainda em estudo, pode indicar que em determinadas bacias hidrográficas o importante é ter informações sobre os canais de drenagem e os respectivos depósitos; os dados sobre as encostas (maciços rochosos aflorantes com solos pouco espessos e/ou ausentes) ficariam em segundo plano. O caso de Itaoca indica, em princípio, grande mobilização nas drenagens (aluviões espessas e muitos materiais nas margens) e margens do rio e poucos escorregamentos nas porções superiores da encosta. Os pontos de estrangulamentos na drenagem, que apontam a potencialização de barramentos temporários, tornam-se um indicador pouco utilizado. Já o caso do túnel TA-10/11 da pista ascendente da Rodovia dos Imigrantes mostrou a necessidade de entender a geração de "pulsos" a partir dos pontos de barramentos. A coleta dessas informações pode balizar o desenvolvimento de planos de gestão de riscos e planejamento urbano mais seguros para a população e obras de infraestrutura.

2.4 Parâmetros de *debris flows*

Os *debris flows* são processos bastante complexos, pois envolvem uma série de condições para a sua ocorrência. A definição de parâmetros e a simulação dos fluxos são lacunas e desafios a serem enfrentados. Em síntese, as grandezas necessárias ao desenvolvimento dos estudos para o projeto de obras de controle de *debris flows* podem ser assim listadas:

a) a concentração de sólidos no fluxo;
b) a sua velocidade;
c) os volumes de sedimentos transportados e as vazões de pico;
d) as forças de impacto e as pressões exercidas nas estruturas.

Há também a necessidade de estabelecer os hidrogramas e "debrisgramas" para cada tipologia de processo. Uma descrição mais detalhada desse tema é encontrada nos trabalhos de Takahashi (1991, 2007), Cruz e Massad (1997), Massad et al. (1997) e Kanji, Cruz e Massad (2018).

As forças e pressões exercidas nas estruturas resultam do impacto de pedras de dimensões métricas e da pressão do fluxo de massas sobre as obras de controle do *debris flow*. A grande velocidade, característica do fenômeno, gera uma formidável energia cinética. O movimento dos blocos de pedra é amortecido ou barrado, em geral, à custa de deformações plásticas nas estruturas metálicas de contenção, com amassamento dos tubos que as compõem, ou afundamento ("quebra") superficial do paramento de proteção das construções de concreto. Enrocamentos a montante das obras também são empregados com essa finalidade. Vale lembrar que tem sido observada a formação de cavidades, com profundidades métricas, nas lajes de bacias de dissipação de algumas barragens do tipo *sabo*, provocadas pelo alto poder erosivo do fenômeno. Naturalmente, as superfícies afetadas devem ser devidamente recompostas. Barragens do tipo gabião oferecem pouca resistência ao fenômeno (Massad; Cruz; Kanji, 2009).

O Cap. 5 apresenta uma retroanálise dos parâmetros dos *debris flows* de 1967 em Caraguatatuba, com base na metodologia semiempírica descrita na seção 2.1.

2.5 Exemplos de casos no mundo

As corridas de detritos se manifestam em diversas regiões do planeta, em terrenos com topografias bastante acidentadas, e geralmente são associadas a índices pluviométricos elevados. A dinâmica desses fluxos em cada região apresenta características próprias, envolvendo diferentes tipos de agentes de deflagração do fenômeno, quantidades e tipos de materiais transportados num curto espaço de tempo e por longas distâncias, características físicas e dinâmicas que variam em cada bacia hidrográfica. São inúmeros os exemplos de *debris flows* gerados a partir de um agente natural ou uma associação deles, como sismos, degelos intensos, vulcanismos e eventos de chuvas extremas ligados a tufões e furacões.

Os mais variados ambientes geológicos e geomorfológicos são afetados por movimentos violentos e catastróficos, mobilizando alta carga sólida que abrange um intervalo granulométrico extenso, desde partículas argilosas a blocos de rochas pesando algumas toneladas e quantidades significativas de troncos de árvores.

A Fig. 2.12 apresenta a distribuição das corridas de lama ou detritos em diversas localidades no mundo. Verifica-se que as ocorrências desses fenômenos coincidem com as grandes elevações montanhosas, localizadas, no geral, em áreas litorâneas. Essas barreiras geológicas são responsáveis pela geração de recorrentes fluxos de detritos que provocam danos econômicos e sociais vultosos. Em muitos casos, as cadeias de montanhas chegam a barrar massas de ar vindas do mar (ricas em umidade), ocasionando violentas tempestades sobre as encostas. Notar que os casos brasileiros se concentram nas Regiões Sul e Sudeste.

Na América Latina, os países localizados na Cordilheira dos Andes são alvos frequentes de catastróficos *debris avalanches/flows* registrados na literatura, responsáveis por inúmeras mortes e incalculáveis prejuízos sociais e econômicos. De maneira geral, nos países andinos os *debris flows* em regiões montanhosas são chamados de *alud-aluviones* ou *huaycos*, caracterizando suas diferentes origens. Gramani (2001) destacou dezenas de casos de ocorrência do fenômeno no Equador, Chile, Colômbia e Peru. Um dos mais notáveis registros ocorreu em 15 de novembro de 1985 nas encostas do Vulcão Nevado Del Ruiz, localizado próximo à cidade de Armero (Colômbia). Durante a erupção do vulcão, localizado na Cordilheira Central, foram desenvolvidos *lahars* e fluxos de detritos e lama por vários canais de drenagem.

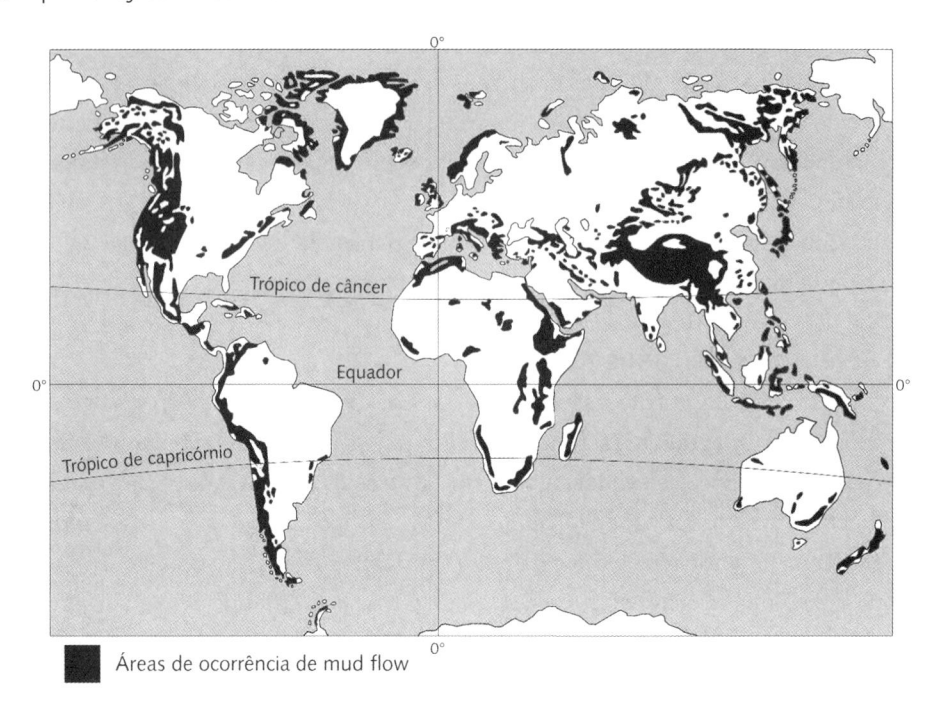

Fig. 2.12 *Mapa de distribuição geográfica de* mud flows *no mundo*
Fonte: Perov et al. (1997).

Em algumas localidades, os acidentes são amplamente divulgados e informações técnicas são disponibilizadas para a população. As decisões de expor os casos e transmitir informações públicas são práticas de gestão de risco que podem capacitar as comunidades e auxiliar nas ações de autoproteção. Um exemplo pode ser observado na Fig. 2.13, que mostra a área de deposição do *aluvión* ocorrido no Peru em janeiro de 1998, com a destruição de casas e estradas. O jornal El Comercio (Lima) do dia 15 de janeiro de 1998 apresentou um esquema simplificado de como o acidente ocorreu, mostrando o principal tipo de formação dos *aluviones* no Peru. Pelo esquema apresentado na Fig. 2.14, observa-se que a associação de chuvas com o rompimento de lagos naturais, localizados em porções superiores da cordilheira, provocou intensa mobilização de lama e detritos orgânicos, que se depositaram, cobrindo grandes áreas do leque aluvial. No dia 26 de dezembro de 1998, o jornal El Comércio voltou a alertar a Defesa Civil para a ocorrência de novos *huaycos* na região de Cusco (Gramani, 2001).

Em 1999 houve casos muito emblemáticos: a catástrofe na Venezuela e dois casos na Costa Rica. O desastre ocorrido na Venezuela, em dezembro de 1999, com estimativa de 30.000 mortes, motivou a realização de um *workshop* internacional sobre as corridas de detritos, reunindo uma série de especialistas de diferentes países em Caracas em 2000 e culminando na publicação do livro *Lecciones aprendidas del desastre de Vargas*, editado por Sánchez (2010), que inclui artigo de Kanji et al. (2000). Foram dezenas de localidades atingidas por milhares de escorregamentos nas encostas e intensos fluxos de detritos nos fundos dos vales, sendo que as cidades localizadas no litoral foram duramente impactadas. As localidades de Caraballeda, La Guaira, Maiquetía, Catia La Mar, Carmen de Uria e Los Corales foram atingidas por ondas de lama e blocos de rochas com dimensões métricas. As imagens das Figs. 2.15 a 2.18, gentilmente cedidas pelos pesquisadores Sérgio Mora e Rosalba Barrios, ilustram um pouco a dimensão e o impacto desse desastre.

Fig. 2.13 *Área de deposição dos materiais mobilizados durante o aluvión de janeiro de 1998 no Peru, mostrada pelo jornal El Comercio, de Lima, em 26 de dezembro de 1998. Notar a extensão da área afetada e o tipo de material mobilizado no fundo dos vales*
Fonte: Gramani (2001).

Fig. 2.14 *Recorte de parte do jornal El Comercio: esquema apresentado pelo jornal em 15 de janeiro de 1998, explicando de que maneira ocorreu o acidente que vitimou mais de 200 pessoas no povoado de Santa Teresa (Peru)*
Fonte: Gramani (2001).

Fig. 2.15 *Vista parcial da linha de costa no denominado Litoral Central da Venezuela. Notar os milhares de escorregamentos nas altas vertentes da serra no litoral venezuelano, os fundos de vale tomados pelos sedimentos e as cidades, construídas em antigos leques, duramente atingidas pelos materiais transportados e por enxurradas*
Fonte: imagem cedida por Sérgio Mora e Rosalba Barrios.

Fig. 2.16 *Vista parcial da cidade de Los Corales, localizada no Litoral Central da Venezuela. Notar os escorregamentos nas encostas, os fundos de vale tomados pelos sedimentos e a área urbana atingida pelos fluxos*
Fonte: imagem cedida por Sérgio Mora e Rosalba Barrios.

Fig. 2.17 *Vista parcial de área urbana atingida por* debris flow *(Los Corales, Vargas, Venezuela).*
Notar a destruição de pilares externos de edifício, com as lajes sobrepostas
Fonte: imagem cedida por Sérgio Mora e Rosalba Barrios.

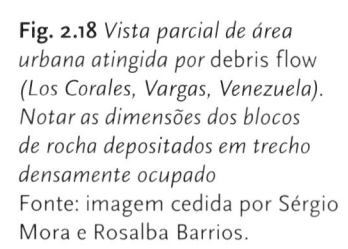

Fig. 2.18 *Vista parcial de área urbana atingida por* debris flow *(Los Corales, Vargas, Venezuela). Notar as dimensões dos blocos de rocha depositados em trecho densamente ocupado*
Fonte: imagem cedida por Sérgio Mora e Rosalba Barrios.

    O Japão e a China são países com grande experiência no que diz respeito à identificação de áreas com risco de corridas de detritos e respectivas obras a serem projetadas para controle desses processos. Por serem países constantemente afetados por fluxos de detritos e lama, ambos possuem vasta série de artigos, publicações, manuais e catálogos desenvolvidos, os quais auxiliam no avanço do conhecimento e redução dos danos sociais, econômicos e ambientais provocados pelos desastres naturais. Há um esforço enorme de orientar a população em como se proteger desses fenômenos, com a geração de materiais didáticos e treinamento.

As encostas montanhosas do Japão são muito íngremes, devido principalmente a aspectos geológicos, sendo um arquipélago suscetível a sismos e vulcanismo, além de fortes chuvas provocadas por tufões que anualmente atingem a região litorânea japonesa. A conjunção desses fatores favorece a formação de grandes fluxos de detritos nos canais de drenagem do país. Na literatura técnica, são muitos os casos de corridas de detritos e lama descritos e analisados. Takahashi (1998) descreve brevemente três casos bem estudados no Japão e utilizados para comprovar as fórmulas e modelos numéricos desenvolvidos nesse país. O autor cita (a) Harihara River *debris flow* (julho de 1997), (b) Gamaharazawa *debris flow* (julho de 1995) e (c) Horadani *debris flow* (22 de agosto de 1979).

Nos Estados Unidos, as principais áreas de estudo compreendem: Havaí, Colorado, Califórnia, Virgínia, Utah Oregon e Arizona, região do Grand Canyon, destacando-se a porção oeste do país. São centenas de publicações técnicas que descrevem as ocorrências e exemplificam casos de obras, estudos de laboratório, simulações de campo em grande escala e parametrização do fenômeno.

No Canadá, é frequente a ocorrência de *debris flows*, por vezes de magnitudes anômalas, atingindo principalmente a Cordilheira Canadense (Vandine, 1985).

Os países europeus que possuem registros de *debris-mud flows* nas encostas serranas são Áustria, Alemanha, França, Espanha e Itália, com diversos artigos publicados sobre estudos de casos e desenvolvimento de métodos de contenção e controle de erosão e transporte de detritos.

Depósitos de origem glacial, como morenas frontais, laterais e basais, naturalmente instáveis, fornecem uma boa quantidade de material para o fluxo de detritos e são fontes de rápidos *debris flows*. As velocidades são calculadas a partir de indicativos de campo e mapeamento dos depósitos. Desde 1975, a Áustria tem mudado as leis para diminuir o risco de *torrents* e avalanches, criando mapas de zoneamento e ocupação, apontando as áreas de maior perigo à população e outros setores da economia. Segundo Fiebiger (1997), essas medidas passivas correspondem a um dos processos mais eficientes para evitar grandes acidentes. Os mapas e as respectivas recomendações auxiliam o Departamento de Defesa Civil em evacuações temporárias (sistemas de alerta) ao longo dos principais rios mapeados, e apresentam a distribuição dos depósitos e estimativas de vazão para diferentes locais. Outro objetivo da elaboração dos mapas é auxiliar a escolha de locais para construção de obras de controle (medidas ativas): *check dams*, barreiras de concreto e aço e áreas a serem cobertas com árvores de grande porte e resistentes a impactos.

A Itália frequentemente é afetada por *debris flows* e *mud flows*, caracterizados por grande velocidade e considerável mobilização de material nas encostas e vales. Diversos autores têm procurado entender as causas dessa deflagração, coletando informações para comprovar fórmulas e modelos desenvolvidos em laboratório.

Ensaios de laboratório procuram reproduzir as diferentes formas de movimentação em pequena escala.

Para mais informações, Gramani (2001) apresenta a descrição de 40 casos de corridas de detritos no mundo, além dos casos nacionais, e os dados que constam da relação são os seguintes: referência bibliográfica, local, data, nomenclatura utilizada pelo autor, causas, pluviosidade, velocidade, fonte do material das corridas, inclinação das encostas e/ou dos canais, forma de desenvolvimento da massa, aspectos da geologia e da geomorfologia, deposição dos materiais, movimento dos fluxos, trajetória, destruição e danos provocados, aspectos gerais e parâmetros geotécnicos fornecidos.

2.6 Conclusões

O fenômeno de *debris flow* (fluxo ou corrida de detritos, ou mesmo corridas de massa) foi descrito de forma bastante ampla, com a apresentação de conceitos empregados na literatura científica nacional e internacional. No Brasil, esses fluxos estão associados a compartimentos geomorfológicos caracterizados por relevos de escarpas serranas ou morros, onde predominam fatores importantes na preparação dos movimentos: encostas e rios com altas declividades e disponibilidade de materiais a transportar. São locais sujeitos a altos índices pluviométricos.

Aspectos mais específicos dos mecanismos dos fluxos de detritos ou de massas foram ilustrados para caracterizar a forma dessas ocorrências, permitindo, assim, o entendimento do processo no que se refere às suas causas, aos fatores que favorecem a sua ocorrência e às suas características e feições sedimentares.

Mostrou-se que acidentes catastróficos como o de Caraguatatuba e o da Serra das Araras, em 1967, que envolveram centenas de escorregamentos, foram classificados como de tipo primário: os dados e os conhecimentos sobre as encostas ficam no primeiro plano. Mas várias ocorrências recentes no Brasil, com *debris flows* do tipo secundário, mostram que em determinadas bacias hidrográficas é mais importante ter informações sobre os canais de drenagem, os depósitos sedimentares nos seus leitos, a existência de barragens temporárias e os pontos de estrangulamentos de eventuais fluxos; os escorregamentos nas encostas ficam em segundo plano.

Devido à complexidade do fenômeno, tanto os modelos numéricos quanto os métodos semiempíricos requerem algum tipo de retroanálise para a definição de parâmetros e a simulação dos fluxos, o que se constitui em um verdadeiro desafio técnico-científico. Esses parâmetros e a coleta de informações sobre as encostas e os canais de drenagem de dada bacia hidrográfica poderão balizar o desenvolvimento de planos de gestão de riscos e planejamento urbano mais seguros para a população e para obras de infraestrutura.

Ocorrências internacionais de elevada importância foram apresentadas para mostrar a incidência generalizada desse fenômeno em áreas montanhosas em todo o mundo, de forma a permitir ao leitor uma melhor compreensão do alcance de tal processo e dos seus impactos nas vidas humanas, com inestimáveis perdas e deploráveis reflexos econômicos e sociais.

Agradecimentos

À Helen Cristina Dias e Vivian Cristina Dias, alunas de doutorado da Universidade de São Paulo, e à Priscila Argentin e Felipe Falcetta, da área Cidades, Infraestrutura e Meio Ambiente (Cima) do Instituto de Pesquisas Tecnológicas (IPT).

Referências bibliográficas

ALTRICHTER, G.; GRAMANI, M. F. Deslizamentos e Corrida de Lama no km 52 da Rodovia dos Imigrantes. In: XVII CONGRESSO BRASILEIRO DE MECÂNICA DOS SOLOS E ENGENHARIA GEOTÉCNICA, 09-13 set. 2014, Goiânia (GO). 8 p.

AUGUSTO FILHO, O.; MAGALHÃES, F. S.; GRAMANI, M. F. Mass movements susceptibility of a highway system using GIS technology: a case study in Brazil. In: GÉOLINE, 23 mai. 2005, Lyon, France. *Proceedings…* Lyon: BRGM, 2005.

COSTA NUNES, A. J. Landslide in soils of decomposed rock due to intense rainstorms. In: 7th INTERNATIONAL CONFERENCE OF SOIL MECHANICS AND FOUNDATION ENGINEERING, 1971, v. 2, Mexico. *Proceedings…* 1971. p. 547-554.

CRUZ, O. *A Serra do Mar e o litoral na área de Caraguatatuba*: contribuição a geomorfologia tropical litorânea. 1974. Tese (Doutorado em Geografia Física) – Faculdade de Filosofia, Letras e Ciências Humanas, Universidade de São Paulo, São Paulo, 1974.

CRUZ, P. T.; MASSAD, F. *Debris flows*: an attempt to define design parameters. In: SYMPOSIUM ON RECENT DEVELOPMENTS ON SOIL MECHANICS AND PAVEMENT MECHANICS, 25-27 jun. 1997, v. 1, Rio de Janeiro. *Proceedings…* Rotterdam: Balkema, 1997. p. 409-414.

DIAS, V. C. *Corridas de detritos na Serra do Mar Paulista*: parâmetros morfológicos e índice de potencial de magnitude e suscetibilidade. 2017. Dissertação (Mestrado em Geografia Física) – Faculdade de Filosofia, Letras e Ciências Humanas, Universidade de São Paulo, São Paulo, 2017. DOI: 10.11606/D.8.2018.tde-02022018-120009. Acesso em: 11 ago. 2020.

EISBACHER, G. H.; CLAGUE, J. J. Destructive mass movements in high mountains: hazard and management. *Geological Survey of Canada*, 230 p., 1984.

FIEBIGER, G. Structures of *debris flow* countermeasures. In: DEBRIS FLOW HAZARDS MITIGATION: MECHANICS, PREDICTION, AND ASSESSMENT, 1st Conference, 1997. *Proceedings…* ASCE, 1997. p. 596-605.

FISHER, R. V. Features of coarse-grained, high concentration fluids and their deposits. *Journal Sediment Petrology*, v. 41, p. 916-927, 1971.

GRAMANI, F. G. Caracterização geológico-geotécnico das corridas de detritos (*debris flows*) no Brasil e comparação com alguns casos internacionais. 2001. 371 p. Dissertação (Mestrado) – Escola Politécnica, Universidade de São Paulo, São Paulo, 2001.

GRAMANI, M. F. Estimativa de Trajetória e Raio de Alcance de Corrida de Detritos (*Debris Flow*): Aplicação em Afluente do Rio Pilões, Serra do Mar, SP. In: XVII CONGRESSO BRASILEIRO DE MECÂNICA DOS SOLOS E ENGENHARIA GEOTÉCNICA, 9-13 set. 2014, Goiânia (GO). 8 p.

GRAMANI, M. F.; AUGUSTO FILHO, O. Analysis of the triggering of *debris flow* potentiality and the run-out reach estimative: an application essay in the Serra do Mar mountain range. In: INTERNATIONAL SYMPOSIUM ON LANDSLIDES, 9., 2004, Rio de Janeiro. *Proceedings…* v. 2. Londres: Balkema, 2004. p.1477-1483.

GRAMANI, M. F.; MARTINS, V. T. S. Debris flows *occurrence by intense rains on January 13, 2014 at Itaoca city, São Paulo, Brazil*: Impacts and Field observations. Landslides and Engineered Slopes. Experience, Theory and Practice. v. 2. [S.l.]: CRC Press, 2016. p. 1011-1019.

HUNGR, O.; LEROUEIL, S.; PICARELLI, L. The Varnes classification of landslide types, an update. *Landslides*, v. 11, p. 167-194, 2014.

IPT – INSTITUTO DE PESQUISAS TECNOLÓGICAS DO ESTADO DE SÃO PAULO. *Estudo das instabilizações das encostas da Serra do Mar na região de Cubatão, objetivando a caracterização do fenômeno "corrida de lama" e a prevenção de seus efeitos*. São Paulo: IPT, 1987. (Relatório nº 25.636/87.)

IPT – INSTITUTO DE PESQUISAS TECNOLÓGICAS DO ESTADO DE SÃO PAULO. *Programa Serra do Mar*: Carta Geotécnica da Serra do Mar nas Folhas de Santos e Riacho Grande, SCT. São Paulo: IPT, 1988. (Relatório nº 26.504/88.)

IPT – INSTITUTO DE PESQUISAS TECNOLÓGICAS DO ESTADO DE SÃO PAULO. *The study on the disaster prevention and restoration project in Serra do Mar, Cubatão, S. Paulo*. São Paulo: IPT, 1990. (Relatório nº 28.404/90.)

JOHNSON, A. M. *Physical processes in geology*. San Francisco: Freeman and Cooper, 1970. 577 p.

JORNAL EL COMERCIO. Peru, Lima, 26 dez. 1998.

KANJI, M. A.; CRUZ, P. T.; MASSAD, F. Planning and Design Criteria for Protection Dams Against *Debris Flows*. In: THIRD INTERNATIONAL DAM WORLD CONFERENCE, v. 3, 17-21 set. 2018, Foz do Iguaçu, Brazil. *Proceedings…* 2018.

KANJI, M. A.; CRUZ, P. T.; MASSAD, F.; ARAÚJO FILHO, H. A. de. Basic and common characteristics of "*debris flows*". In: II PANAMERICAN SYMPOSIUM ON LANDSLIDES e II COBRAE, nov. 1997, Rio de Janeiro, Brasil. *Proceedings…* v. 1. 1997. P. 232-240.

KANJI, M. A.; MASSAD, F.; GRAMANI, M. F.; CRUZ, P. T. *Debris Flows* (fluxos de detritos). In: GUNTHER, W. R.; CICCOTTI, L.; RODRIGUES A. C. (Org.). *Desastres abordagens e desafios*. 1 ed. v. 12. Rio de Janeiro: Elsevier, 2016.

KANJI, M. A.; GRAMANI, M. F.; MASSAD, F.; CRUZ, P. T.; ARAÚJO FILHO, H. A. Main factors intervening in the risk assessment of *debris flows*. In: INTERNATIONAL WORKSHOP ON THE *DEBRIS FLOW* DISASTER, dez. 1999, Caracas, Venezuela. *Proceedings…* 2000. 10 p.

MASSAD, F.; CRUZ, P. T.; KANJI, M. A.; ARAÚJO FILHO, H. A. Comparison between estimated and measured *debris flow* discharges and volume of sediments. In: SECOND PANAMERICAN SYMPOSIUM ON LANDSLIDES, 1997, Rio de Janeiro. *Proceedings…* 1997.

MASSAD, F.; CRUZ, P. T.; KANJI, M. A. "*Debris flows*" em Cubatão-SP: danos em instalação industrial e em barragens-gabião. In: 5ª CONFERÊNCIA BRASILEIRA DE ESTABILIDADE DE ENCOSTAS – V COBRAE, São Paulo, 2009.

MASSAD, F.; KANJI, M. A.; CRUZ, P. T. O "*Debris flow*" de 1996 na bacia do Córrego das Pedras em Cubatão-SP In: 5ª CONFERÊNCIA BRASILEIRA DE ESTABILIDADE DE ENCOSTAS – V COBRAE, 2009, v. 2, São Paulo. *Anais…* 2009. p. 115-122.

PEROV, V. F. et al. Map of the world mudflow phenomena. In: *DEBRIS FLOW HAZARDS MITIGATION: MECHANICS, PREDICTION, AND ASSESSMENT*, 1st Conference, 1997. *Proceedings…* ASCE, 1997. p. 322-331.

SÁNCHEZ, J. L. L. *Lecciones Aprendidas del Desastre de Vargas: Aportes Científico-Tecnológicos y Experiencias Nacionales en el Campo de la Prevención y Mitigación de Riesgos*. Caracas: Instituto de Mecánica de Fluidos, 2010. 808 p.

SUWA, H. Field observation of *debris flow*. In: JAPAN-CHINA (TAIPEI) JOINT SEMINAR ON NATURAL HAZARDS MITIGATION, 16-20 jul. 1989, Kyoto, Japan. *Proceedings…* Japan, 1989. p. 343-352.

TAKAHASHI, T. *Debris-flows*. Monograph Series. [S.l.]: Balkema, 1991. 165 p.

TAKAHASHI, T. *Debris flows*. Mechanics, Prediction and Countrermeasures. [S.l.]: Taylor and Francis, 2007. 448 p.

TAKAHASHI, T. *Mechanics and Countermeasures for the Debris Flows*. Curso ministrado pelo Professor T. Takahashi, Convênio Escola Politécnica/Disaster Prevention Research Institute, Kyoto University, junho de 1998. 103 p.

VANDINE, D. F. Debris flows and debris torrents in the Southern Canadian Cordillera. *Canadian Geotechnical Journal*, v. 22, p. 44-68, 1985.

VIEIRA, B. C.; GRAMANI, M. F. Serra do Mar: the most "tormented" relief in Brazil. In: VIEIRA, B. C.; SALGADO, A. A. R.; SANTOS, L. J. C. (Org.). *Landscapes and Landforms of Brazil*. World Geomorphological Landscapes. London: Springer, 2015. p. 285-297.

3 Aspectos do meio físico

Wilson Shoji Iyomasa

Segundo Ab'Sáber (1955) e Almeida (1964), o Planalto Paulistano abrange desde a Região Metropolitana de São Paulo até o Planalto de Paraitinga, onde está inserida a cidade de São José dos Campos. Desse município até o litoral paulista (norte) ocorre a unidade definida como Província Costeira, que é subdividida em zonas (Serrania Costeira e Baixada Litorânea). Essa subdivisão decorreu das características intrínsecas a seus processos de formação ao longo do tempo geológico.

Conforme constam em documentos de estudo de impacto ambiental (EIA) (Consórcio JGP/Ambiente Brasil Engenharia, 2012), na Serrania Costeira a bacia hidrográfica é caracterizada por área de cabeceira de drenagens em terreno montanhoso e com escarpas. Os tipos de terreno que abrigam as drenagens são: íngremes e escarpados (entre as cotas 50 m e 850 m); e depósitos detríticos fluviogravitacionais (entre as cotas 50 m e 300 m). Já na bacia hidrográfica da Baixada Litorânea (abaixo da cota 18 m), encontram-se os trechos de baixo curso de drenagens, que configuram terrenos constituídos por depósitos detríticos fluviais, fluviomarinhos, marinhos e praias.

Na Serrania Costeira, destacam-se as escarpas da Serra do Mar, que se estendem por cerca de 1.500 km, de norte a sul, desde o Estado do Rio de Janeiro até a porção norte do Estado de Santa Catarina. Essa região recebe diversas nomenclaturas regionais (Serra da Bocaina, Serra dos Órgãos, Serra do Juqueriquerê etc.).

Segundo Almeida e Carneiro (1998), a Serrania Costeira apresenta aspectos variados ao longo de todo o seu domínio, indo desde a típica borda de planalto, com altitudes entre 800 m e 1.200 m no Estado de São Paulo, até picos com 1.800 m no Paraná, e exibe trechos no Rio de Janeiro com blocos de falha com vertentes abruptas voltadas à Baixada Fluminense.

No trecho da Zona da Serrania Costeira predominam litologias antigas constituídas predominantemente por rochas ígneas e metamórficas, como granitos e gnaisses, interceptados por diques de rochas básicas, ultrabásicas e intermediárias. Rochas do tipo cataclasitos podem ser encontradas ao longo de falhas geológicas. Estruturas geológicas como falhas, sistemas de fraturas e foliações contribuíram no condicionamento do traçado da rede de drenagens, sobretudo nas áreas escarpadas, bem como na forma de seu relevo, conforme afirmaram Almeida e Carneiro (1998).

Já na proximidade do Litoral Norte paulista, ainda na unidade geomorfológica Zona da Serrania Costeira, o terreno apresenta superfície topográfica aplainada em cotas próximas ao nível do mar (inferiores a 18 m) e com ocorrência de pequenos picos sustentados por rochas ígneas e metamórficas, e, segundo Almeida e Carneiro (1998), essa característica geomorfológica é decorrência dos tipos litológicos que sustentam o terreno.

Ainda de acordo com Almeida e Carneiro (1998), a Zona da Baixada Litorânea é composta por camadas de sedimentos inconsolidados, predominantemente constituídos por areias e intercalados por camadas de argila orgânica. São depósitos de origens variadas (fluvial, fluviomarinho e marinho) que apresentam composição e estruturas geológicas típicas, como "cordões litorâneos", formas lenticulares etc. Nas camadas de argila orgânica (solo mole), é comum encontrar detritos vegetais, turfas e conchas marinhas. Conforme definiram Suguio e Martin (1978), essas camadas de sedimentos inconsolidados apresentam idades diferenciadas e com características geológicas distintas. Os autores destacaram a unidade marinha Pleistocência, constituída por areias marinhas transgressivas.

A região do Litoral Norte, em especial no trecho da serra compreendido entre Caraguatatuba e Paraibuna, pode ser dividida em três compartimentos morfológicos e com características próprias e bem distintas: planalto, escarpa da serra e planície litorânea (Almeida, 1964).

O compartimento do planalto integra o Planalto de Paraitinga, onde está instalada a principal drenagem com denominação homônima (Rio Paraitinga), que nasce no município de Paraibuna e segue para norte em direção à Serra da Bocaina, seguindo para o Estado do Rio de Janeiro com o nome de Paraíba do Sul. A morfologia do terreno é constituída por uma série de pequenos morros arredondados e extensas serras alongadas, e as encostas mais frequentes são dos tipos convexo e côncavo-convexo.

As drenagens instaladas no planalto apresentam traçado linear e em redes retangulares, e são frequentemente interrompidas por soleiras que permitiram a formação de pequenas cachoeiras e corredeiras (IPT, 1974). O limite do Planalto de Paraitinga com a Serra do Mar (Zona da Serrania Costeira) é estabelecido por forte ruptura de declive, caracterizada por encostas íngremes e abruptas, com declividades superiores a 30% e larguras de 2 km a 6 km, que se estendem até a Zona da Baixada Litorânea (Almeida, 1964; Ponçano et al., 1981).

No planalto, é possível reconhecer e mapear depósitos de material aluvionar inconsolidado nas drenagens principais. Segundo os estudos do Instituto de Pesquisas Tecnológicas (IPT, 1974), esse material e, principalmente, os solos das encostas do planalto podem ser afetados por "movimentações de grande porte", como indicam os planos expostos e com superfícies estriadas.

As pesquisas efetuadas mostram ainda que as encostas convexas estão associadas ao carreamento superficial e rastejo das camadas de solo, e as encostas côncavo-convexas são mais comuns junto às escarpas da serra, cuja forma é associada aos processos de movimentação rápida das camadas de solos: remoção na parte superior do terreno e acúmulo no sopé, geralmente formando corpos de tálus.

A escarpa da Serra do Mar caracteriza-se pela forte declividade topográfica: passa da cota em torno de 1.000 m na borda do Planalto de Paraitinga para cotas inferiores a 18 m, já no pé da serra, com distância de cerca de 4 km na horizontal. Nos trechos de cotas elevadas, o relevo é íngreme, escarpado e compreende as áreas definidas como detrítico fluviogravitacional (Consórcio JGP/Ambiente Brasil Engenharia, 2012). As drenagens instaladas na escarpa apresentam trechos lineares condicionados pela fraqueza das estruturas geológicas (IPT, 1974). Seus vales apresentam seções transversais em forma de "V" e são profundamente entalhados no terreno, e não raramente a drenagem se encontra interrompida por soleiras, como comprovam as cachoeiras e quedas d'água que podem ser vistas pela Rodovia Nova Tamoios e em imagens aéreas. Nas áreas com depósitos de detritos fluviogravitacionais, as drenagens apresentam-se encaixadas e condicionadas pelo acúmulo de materiais inconsolidados.

3.1 Relevo na Serrania Costeira

Predomina nessa unidade geomorfológica relevo do tipo escarpa com espigões interdigitados, como descrevem Ponçano et al. (1981). Em geral, são espigões lineares e/ou subparalelos de topos angulosos, vertentes com perfis retilíneos e vales fechados. A drenagem é de alta densidade e padrão paralelo-pinulado. Na área norte de Caraguatatuba, a partir da margem esquerda do Rio Guaxinduba, os autores descrevem ocorrência de relevo do tipo escarpas festonadas (Fig. 3.1) com divisores de água com topos angulosos, vertentes com perfis abruptos, retilíneos e convexos. Os vales são fechados e a drenagem apresenta média densidade, com padrão subparalelo a dendrítico.

Essa área de terrenos íngremes e escarpados caracteriza-se pela grande amplitude das formas de relevo, pela alta declividade das encostas, pela ocorrência de extensas paredes rochosas e pelos vales profundos e muito encaixados com canais em rocha, blocos e matacões com cachoeiras e poços.

O relevo da área íngreme e escarpada, situada entre as cotas 50 m e 850 m, é também caracterizado pela ocorrência de erosões do tipo laminar, em sulcos, rastejo, escorregamento e queda de blocos. É comum a observação de cones de dejeção associados aos canais fluviais e corpos de tálus desenvolvidos no sopé das encostas mais íngremes (Consórcio JGP/Ambiente Brasil Engenharia, 2012).

Já nos trechos detríticos fluviogravitacionais, entre as cotas 50 m e 30 m, a forma do relevo é do tipo rampas deposicionais sub-horizontais e/ou convexas, associadas ao fundo de vales e ao sopé de vertentes íngremes. Portanto, essa unidade ocorre associada às escarpas em anfiteatros e em espigões, e geralmente ocupa os fundos de vale e o sopé das encostas.

No trecho da serra, apenas as drenagens principais são perenes, todavia, os cursos menores que seccionam as escarpas caracterizam-se por serem torrentes (cursos de água rápidos) e sazonais, sobretudo no período de verão, e causam a denominada "cabeça d'água".

Fig. 3.1 *Vale do Rio Guaxinduba na região norte de Caraguatatuba, em imagem extraída do alto do Morro Santo Antônio. Observar os cortes efetuados na construção da rodovia, que indicam a presença de pequenas drenagens (vales entre taludes) e a configuração cônica ondulada do terreno (festonada)*

3.2 Relevo na Baixada Litorânea

Nessa unidade geomorfológica, o relevo é de terrenos baixos e planos (Figs. 3.2 e 3.3), com baixa densidade de drenagem, que possui padrão meandrante, por vezes anastomosado. Essa unidade está associada com depressões, cordões de praia e dunas (Consórcio JGP/Ambiente Brasil Engenharia, 2012).

Os materiais que sustentam essa morfologia do terreno são compostos por areias finas a grossas intercaladas por camadas de argila orgânica (solo mole) de origem fluvial, fluviomarinha e marinha, frequentemente constituídas por conchas e de detritos vegetais (turfas).

A morfodinâmica instalada nesses terrenos constitui-se de ações erosivas e de deposição de materiais inconsolidados transportados por ondas marinhas e rios e, mais raramente, pela ação eólica.

A morfologia da Baixada Litorânea, sobretudo na área de Caraguatatuba, apresenta dois planos em níveis diferentes, desnivelados entre si de 3 m a 5 m: o das planícies de inundação das drenagens atuais, em cotas inferiores; e o dos terraços, em cotas superiores.

Fig. 3.2 *Vasta área plana pertencente à unidade geomorfológica da Zona da Baixada Litorânea, em primeiro plano, predominantemente arenosa. Ao fundo, observa-se parte da Serra do Mar a partir da Fazenda Serramar, antiga Fazenda dos Ingleses. Notar as cicatrizes de antigos escorregamentos caracterizadas pela vegetação de cor clara*

Fig. 3.3 *Imagem geral da Baixada Litorânea em Caraguatatuba, vista do Morro Santo Antônio. Ao fundo, parte da serra na divisa sul com o município de São Sebastião*

Os terraços são encontrados de forma dispersa e referem-se às pequenas elevações topográficas com superfície plana e sustentadas por sedimentos de deposição mais antiga (pleistocênica – 2,58 milhões de anos até 11.700 anos atrás), segundo Suguio e Martin (1978).

Sobressaem-se da Baixada Litorânea pequenas elevações com topos arredondados sustentadas por rochas metamórficas e ígneas, e também pequenas elevações sustentadas por rochas de caráter básico, como ocorre na sede da Fazenda Serramar e em uma pequena elevação entre a Estrada da Serraria e a margem esquerda do Rio Santo Antônio. Na escavação de um dos túneis da rodovia em construção, foi estimada espessura de 90 m de um corpo de rocha básica e/ou ultrabásica.

3.3 Geologia da área de Caraguatatuba

Nas subseções a seguir, descrevem-se de forma sucinta as principais litologias, estruturas geológicas, depósitos sedimentares e coberturas de solos da região de Caraguatatuba, fundamentados em bibliografias, dados e informações de sondagens e visitas ao campo.

A Zona da Serrania Costeira é sustentada por rochas proterozoicas e mesozoicas do embasamento cristalino. As rochas proterozoicas são representadas por ortognaisses migmatíticos, biotita-granitoide gnáissico porfiroide, gnaisses kinzigíticos, monzogranitos, hornblenda-biotitagnaisses, do Complexo Costeiro; e por granitos foliados sintectônicos (granitoides) e rochas cataclásticas associadas a zonas de cisalhamento de direção N 60/70 E (Perrota et al., 2005; Consórcio JGP/Ambiente Brasil Engenharia, 2012). Já as rochas mesozoicas estão representadas por diques e *sills* de rochas básicas, ultrabásicas e intermediárias, com idade compreendida entre o Jurássico superior e o Cretáceo médio, e diques de rochas alcalinas com idades compreendidas entre o final do Cretáceo superior e o início do Terciário inferior (Amaral et al., 1966, 1967 apud Consórcio JGP/Ambiente Brasil Engenharia, 2012).

A Zona da Baixada Litorânea é composta por sedimentos cenozoicos associados à deposição de detritos provenientes da evolução das escarpas da Serra do Mar por processos gravitacionais e fluviais, que se intercalaram e sobrepuseram aos depósitos de origem marinha. Segundo Suguio e Martin (1978), essas intercalações ocorreram devido às sucessivas oscilações quaternárias do nível do mar, que são representadas pela transgressão marinha denominada Cananeia (pleistocênica – 1,8 milhões de anos atrás), e pela transgressão marinha denominada Santos (holocênica – 10.000 anos atrás).

A Fig. 3.4 mostra o mapa geológico simplificado do município de Caraguatatuba, extraído do mapa do Litoral Norte, publicado na escala 1:100.000 (IPT, 2013). As principais estruturas geológicas que predominam nessa região estão direcionadas para nordeste (NE) com mergulhos subverticais, e os sistemas de fraturas estão orientados para noroeste (NW).

3.3.1 Principais litologias e estruturas geológicas

A região de Caraguatatuba está situada entre duas grandes feições tectônicas, e a Serra do Mar é o produto desses processos geológicos. Estudos realizados pelo IPT (1974) mostram que o evento tectônico mais antigo registrado na área de Caraguatatuba (Fig. 3.4) corresponde aos dobramentos que ocorreram no Pré-Cambriano superior. Após esse evento, processaram-se falhas de grande extensão caracterizadas por extensas zonas de rochas cisalhadas que prosseguiram até o final do Jurássico, conforme documenta os estudos de datação (Amaral et al., 1966). Posteriormente, seguiu-se um período de relativa calma tectônica e, cessado esse período, a região passou por extensas manifestações magmáticas de caráter básico e alcalino, formando diques e *sills*.

62 | *Debris flow* na Serra do Mar

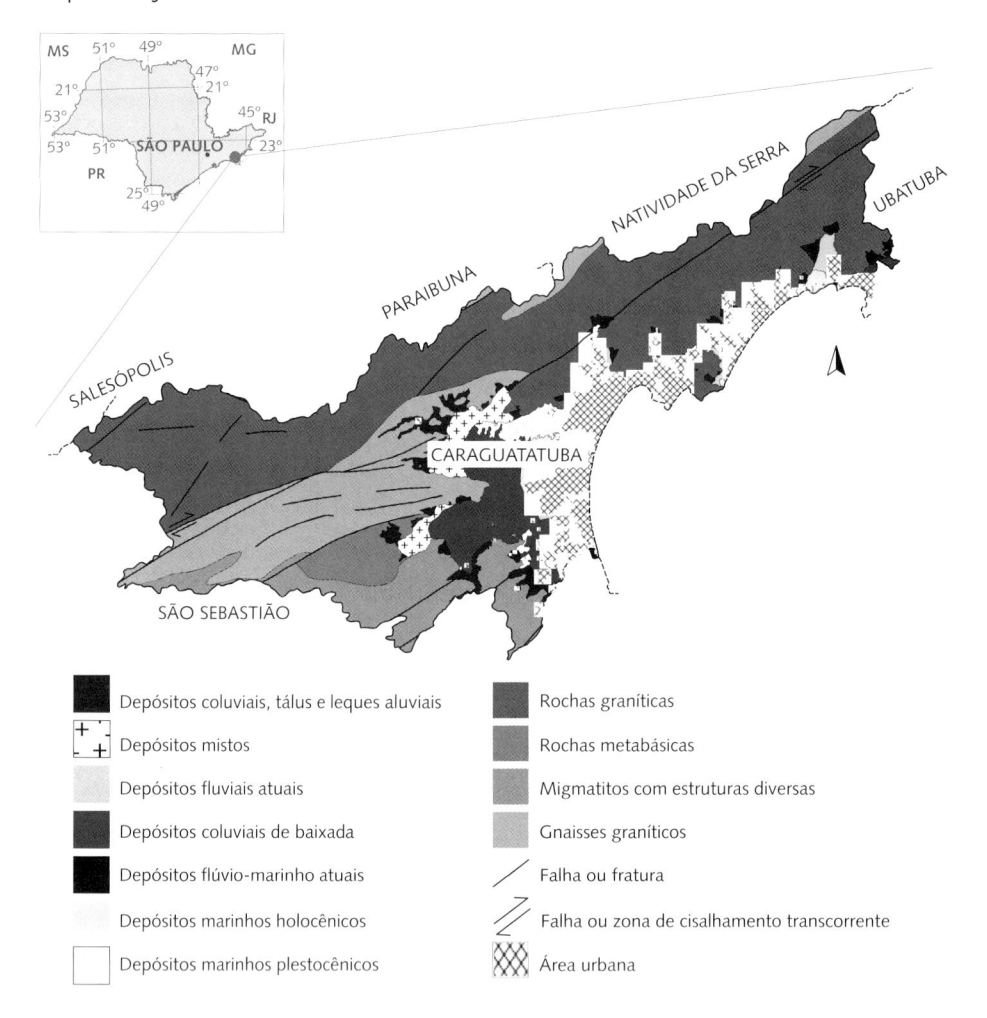

Fig. 3.4 *Mapa geológico do município de Caraguatatuba, Litoral Norte de São Paulo*
Fonte: modificado de IPT (2013).

A Serra do Mar e as elevações que se sobressaem na Baixada Litorânea expõem rochas do embasamento cristalino e são compostas por diversas associações ígneas e metamórficas geradas nos episódios proterozoicos de colisão continental, com destaque para o evento de conexão que originou o supercontinente Gondwana Ocidental (Almeida; Carneiro, 1998; Brito Neves; Cordani, 1991).

No processo posterior à intensa deformação dúctil, ocasionada pela convergência tectônica, Hasui e Sadowski (1976) afirmaram que durante o Cambro-Ordoviciano essa região esteve submetida ao desenvolvimento de amplas zonas de cisalhamento de movimentação destral orientadas segundo ENE-WSW a E-W.

Submetida às diversas etapas de reativação tectônica ao longo da história geológica, essa porção do continente sul-americano passou por expressiva deformação rúptil e intrusões de rochas ígneas, devido:

a) à reativação de zonas de cisalhamento durante o período do Jurássico superior ao Cretáceo inferior (Campanha; Ens, 1996);
b) ao magmatismo alcalino associado à fragmentação continental e abertura do Oceano Atlântico (Dias Neto et al., 2009);
c) ao abatimento vertical de blocos durante o Cenozoico no contexto de abertura do Atlântico Sul (Campanha; Ens; Ponçano, 1994; Dias Neto et al., 2009).

As direções da xistosidade das rochas metamórficas, perto do Rio Camburu, demonstram a inflexão nas direções N60/70E para próximo de E-W, como foram confirmadas nos mapeamentos realizados durante as escavações dos túneis da futura Rodovia Nova Tamoios (Pereira; Iyomasa; Pizzato, 2018). Nessa faixa são encontrados gnaisses, gnaisses graníticos, *augen* gnaisses, gnaisses biotíticos (Fig. 3.5) e anfibólio-cloritaxistos que mostram as deformações ocorridas na região.

Após o período de calma tectônica, a região sofre novo episódio geológico caracterizado por tectônica rígida e com a inserção de magma básico e intermediário (dioritos e diabásios), formando diques em duas direções predominantes: noroeste e nordeste. Zonas de falhas, como a do Camburu, também apresentam evidências de reativação tectônica na região (IPT, 1974; Campanha; Ens, 1996).

Fig. 3.5 *Afloramento de gnaisse biotítico. Pode-se notar a predominância da biotita (cor cinza), disposta em alinhamentos paralelos*
Fonte: Pereira, Iyomasa e Pizzato (2018).

Os aspectos estruturais da área de interferência da duplicação da rodovia na serra (Pereira; Iyomasa; Pizzato, 2018) mostram que as principais estruturas observadas estão relacionadas à foliação regional das rochas, às fraturas e à presença de zonas de cisalhamento associadas a falhas. Apresentam direção predominante NE e ENE, com atitudes variando de N65-85E e mergulhos de 50-70SE e de 30° a 70° para NW. As fraturas indicaram cinco sistemas com atitudes de N20E/87SE, N55E/subvertical, N75E/75NW, N35W/84SW e NS/ subvertical.

As zonas de cisalhamento associadas às falhas de Bairro Alto, Ribeirão do Ouro, Quinhentos Réis, Camburu ou Caraguatatuba apresentam direções NE e ENE, com foliação geralmente vertical. Análises efetuadas por meio do diagrama de Schmidt-Lambert (Campanha; Ens, 1996) evidenciaram os compartimentos estruturais ao norte e ao sul do lineamento de Camburu. Na parte norte, notam-se duas direções predominantes de fraturamento: N30-50W e N50-70E, ambas com mergulhos subverticais. Já ao sul desse lineamento, as fraturas apresentam direções preferenciais para N80E e N07W (praticamente para norte), como foi observado nas obras da rodovia em construção (Pereira; Iyomasa; Pizzato, 2018). Registra-se que, no limite entre os municípios de Caraguatatuba e São Sebastião, a foliação subvertical das rochas metamórficas passa a exibir mergulhos de baixo ângulo (45°), e é verificada ao longo dos túneis em escavação.

Estudo efetuado por Riccomini e Assumpção (1999) conclui que o relaxamento crustal durante o Holoceno foi responsável pela dinâmica e alteração da direção de máxima compressão da costa brasileira na região da Serra do Mar, ocasionando a formação de falhas e fraturas de atitudes diversas.

As rochas que sustentam os terrenos de Caraguatatuba (Fig. 3.4) são constituídas, principalmente, por granitos, gnaisses graníticos, migmatitos, diques de rochas básicas, ultrabásicas e intermediárias, e, de forma localizada, rochas que sofreram processo hidrotermal, quartzitos e cataclasitos. As rochas graníticas são encontradas ao norte de Caraguatatuba, a oeste da cidade e na Serra do Mar. Na área urbana predominam os gnaisses e migmatitos que sustentam os morros, morrotes e parte da escarpa da Serra do Mar.

Os granitos, gnaisses e migmatitos são constituídos essencialmente por quartzo, feldspatos e micas, e apresentam fraturas, falhas e estruturas geológicas preservadas. A decomposição dessas rochas produz solos eluviais e solos de alteração de rochas. Nos solos de alteração estão preservadas as estruturas e textura da rocha de origem, sobretudo as foliações dos gnaisses e migmatitos. Já nos solos de alteração de granitos é comum a ocorrência de matacões e blocos de rocha com núcleo preservado da rocha sã e com formas arredondadas.

Já as rochas básicas, ultrabásicas e intermediárias estão presentes no morro onde está a sede da Fazenda Serramar, e no morro entre a Estrada da Serraria e a margem esquerda do Rio Santo Antônio, este sendo interceptado por um dos túneis da nova rodovia em construção. Essas rochas básicas foram injetadas nas estruturas geológicas das rochas gnáissicas e graníticas e formaram corpos de diferentes dimensões, em geral tabulares (Fig. 3.6), apresentando coloração negra a cinza-escura, passando a amarelada quando alteradas. O solo de alteração é argiloso e pode conter pequenos blocos de rocha com faixa alterada ao redor do fragmento, conforme a Fig. 3.7.

Em proporções menores, no município de Caraguatatuba podem ser encontradas rochas quartzíticas, cataclasitos e lamprófiros. Os quartzitos ocorrem na forma de lentes intercaladas nos gnaisses. São rochas levemente orientadas e com minerais micáceos, granulação fina a média, cor branca a cinza-clara. Os solos resultantes de sua decomposição são constituídos por areia fina ou silte arenoso.

As rochas cataclásticas e milonitos formam faixas descontínuas com foliação subvertical a vertical, com orientação NE-SW, que se associam à presença de zonas de cisalhamento relacionadas às falhas geológicas. São encontradas no Ribeirão do Ouro, Camburu e no Planalto de Paraitinga (Fig. 3.8). Essas rochas desenvolvem solos de alteração com estruturas geológicas preservadas.

3.3.2 Depósitos de sedimentos

As camadas compostas por partículas sólidas (ou sedimentos) de origem continental formam depósitos gravitacionais e fluviais na Zona da Serrania Costeira, e depósitos marinhos, fluviomarinhos e fluviais na Zona da Baixada Litorânea. Na Fig. 3.4, esses depósitos estão identificados por:

Fig. 3.6 *Forma de ocorrência de um dique de rocha básica injetada em estrutura geológica de granito, na Praia de Guaecá*

- Serrania Costeira: coluviais, tálus e leques aluviais atuais;
- Baixada Litorânea: marinhos pleistocênicos, marinhos holocênicos, fluviomarinhos atuais, fluviais atuais, coluviais de baixada e mistos (fluviais e coluviais).

Fig. 3.7 *Amostras de rocha básica de um dique de Caraguatatuba. Notar, ao redor da amostra do centro, uma delgada faixa alterada (área tracejada)*

Fig. 3.8 *Rocha cataclástica entre o km 52 e o km 53 da Rodovia dos Tamoios, próximo à borda do Planalto de Paraitinga. Notar o fraturamento e a foliação do maciço rochoso em zona de falha geológica*

Os depósitos de sedimentos da Serrania Costeira, portanto de origem continental, ocorrem ao longo de planícies aluviais de drenagens instaladas entre as escarpas da serra e no sopé das encostas serranas. Esses depósitos são restritos, inconsolidados e com baixa capacidade de suporte, e, em geral, possuem espessuras de 3 m a 6 m. Quando esses depósitos se aproximam das escarpas, podem apresentar matacões. Portanto, nos pés das vertentes serranas, eventualmente são encontrados cones de dejeção e corpos de tálus. Nos cones de dejeção, intercalam-se areias médias e grossas, micáceas, por vezes argilosas, e níveis de seixos orientados. Já os tálus são constituídos por matacões, blocos e seixos angulosos, arredondados e semialterados, imersos em matriz arenosa ou arenoargilosa.

Nas encostas da serra do município de Caraguatatuba são encontrados os depósitos de idades mais recentes, associados às superfícies de rupturas de escorregamentos. Os materiais movimentados formam depósitos de sedimentos inconsolidados que se acumulam na própria encosta, e parte do material é transportada pelas águas das drenagens. Eventualmente, podem-se formar restritas camadas de argila orgânica em pequenos vales entre encostas, como foi encontrado na Estrada da Serraria, contendo muitos galhos de árvores.

A Zona da Baixada Litorânea está compreendida entre a linha de praia e o sopé da Serra do Mar, com largura variável, como pode ser visto na Fig. 3.4. Em planta, essa zona está limitada a leste pelo Oceano Atlântico e a oeste pelo sopé da serra. Ao norte e ao sul da cidade, a serra se aproxima do oceano, limitando o desenvolvimento dos depósitos de sedimentos fluviais e marinhos. De norte a sul, essa zona no município de Caraguatatuba possui cerca de 12 km de comprimento e largura máxima de 7 km, com declividade inferior a 5%. Tal contorno configura um semicírculo da planície composto pelos depósitos cenozoicos que formam a Baixada Litorânea (Figs. 3.3 e 3.4).

O embasamento pré-cambriano na Baixada Litorânea ocorre em profundidades variadas, e sobre essa superfície desenvolveu-se a planície de Caraguatatuba, que atualmente possui duas superfícies praticamente planas: uma situada entre as cotas 12 m e 15 m, e a outra situada próximo ao atual nível do mar (Suguio; Martin, 1978). Datações efetuadas em amostras coletadas de madeira indicaram que as camadas sedimentares em cotas mais elevadas são resultantes do processo de deposição de idade pleistocênica.

Suguio e Martin (1978) afirmaram, ainda, que as datações feitas em conchas coletadas na zona de segunda geração (mais recente) mostram e confirmam a existência de dois cordões litorâneos de idades distintas e gerados em épocas muito diferentes. Localizados atrás dos cordões mais antigos, encontra-se uma extensa zona baixa constituída por depósitos argilosos orgânicos e com turfas. Conchas e madeiras coletadas em testemunhos de sondagens, com até 15 m abaixo do nível marinho, e submetidas a datações indicaram que esses depósitos argilosos orgânicos se acumularam na última transgressão marinha. Ao interpretarem os dados e informações, os autores concluíram que os depósitos mais antigos são de idade pleistocênica e constituídos por camadas de areias quartzosas com granulação fina a média, mal graduada (ou bem selecionada), de coloração ocre e estrutura maciça (Figs. 3.9 e 3.10), cuja base é mais profunda, e acumularam-se em cavas baixas formadas pelo processo erosivo durante a regressão precedente.

Por meio desses estudos de datações, análises em testemunhos de sondagens e levantamentos de campo, no âmbito regional, os autores dissertaram sobre o

Fig. 3.9 *Talude na rodovia em construção, em pequena elevação da Baixada Litorânea. Notar depósito de areia (pleistocênica), segundo as definições de Suguio e Martin (1978)*

Fig. 3.10 *Detalhe da Fig. 3.9. Observar a granulação do depósito de areia média a fina*

mecanismo de deposição sedimentar da Baixada Litorânea, sobretudo da região de Caraguatatuba. Nesse mecanismo, os autores justificaram a deposição das espessas camadas de material argiloso e orgânico, denominado solo mole sob a ótica da Geotecnia. Os testemunhos de sondagens nas obras em execução mostram as sucessivas intercalações de camadas de areias e de argilas.

As características geológico-geotécnicas dos depósitos de sedimentos mais recentes da Baixada Litorânea são abordadas na próxima seção. Essa separação decorreu da disponibilidade de dados e informações complementares de parâmetros geotécnicos de campo para caracterização dos depósitos de sedimentos aluvionares fluviais, marinhos e fluviomarinhos, bem como dos solos eluviais e de alteração, entre outros.

3.3.3 Coberturas de solos

Os solos recebem classificações e denominações variadas em decorrência da área de atuação dos autores: Pedologia, Geologia, Mecânica dos Solos, Agronomia, Rodovias etc. Justifica-se a descrição sumária de conceitos utilizados exposta a seguir, já que nos documentos consultados aparecem descrições segundo a Pedologia, a Geologia de Engenharia e a Mecânica dos Solos.

Resumidamente, pode-se afirmar que, sob os conceitos da Pedologia, os solos são definidos enfatizando-se os processos pedogenéticos responsáveis por sua formação, e são classificados de acordo com o Sistema Brasileiro de Classificação de Solos (SiBCS). Segundo Oliveira e Monticeli (2018), na Geologia de Engenharia o foco principal é a classificação do ponto de vista genético, fundamentada a partir da origem dos solos e do sistema de transporte, e visa atender aos projetos de obras civis e minerais. Na Mecânica dos Solos a classificação é feita por meio do comportamento dos solos decorrentes da instalação de obras civis ou como material de construção, utilizando-se parâmetros físicos medidos no campo, a exemplo da resistência à penetração; em laboratório, os solos finos podem ser classificados segundo sua plasticidade pelo Sistema Unificado de Classificação de Solos (SUCS).

Adotando-se os conceitos da Pedologia, os solos que ocorrem na Serrania Costeira e na Baixada Litorânea, conforme consta nos estudos de impactos ambientais na duplicação da Rodovia dos Tamoios no trecho da Serra do Mar (Consórcio JGP/Ambiente Brasil Engenharia, 2012), são identificados como:

- *Serrania Costeira*:
  - Trecho "íngreme escarpado", com solos residuais de rochas: Cambissolo Háplico com textura argilosa e média, fase não rochosa e rochosa; Latossolo Vermelho-Amarelo com textura argilosa; e Neossolo Litólico.
  - Trecho "detrítico fluviogravitacional", com solos associados aos depósitos de dejeção e corpos de tálus: Argissolo Vermelho-Amarelo e Amarelo com textura média/argilosa e argilosa; Cambissolo Háplico com textura média e argilosa ambos rochosos.
- *Baixada Litorânea*:
  - Segmento "detrítico fluviomarinho" (área de deposição fluvial com interferência marinha): Neossolo Flúvico psamítico e/ou de textura média e argilosa; Gleissolo indiscriminado; Cambissolo indiscriminado com fase de sedimentos fluviais; Gleissolo Háplico com textura média e argilosa; e Organossolo indiscriminado.
  - Área "detrítico marinho" (planície com deposição marinha): Espodossolo Humilúvico/Ferro humilúvico hidromórfico ou não hidromórfico; Neossolo Quartzarênico; e, nas depressões intercordões, Gleissolo Háplico com textura média e argilosa, e Organossolo indiscriminado.
  - Praia: Neossolo Quartzarênico.

Nas descrições que seguem, foram reunidos os conceitos de Mecânica dos Solos e os da Geologia de Engenharia para a definição das diferentes camadas de materiais encontrados na região de interesse. Assim, essas camadas de solos são descritas conforme sua origem, associadas aos parâmetros físicos obtidos dos solos, sobretudo de ensaios de campo, como resistência à penetração de ferramenta padronizada de perfuração (*standart penetration test*, SPT).

A camada de *solo eluvial*, denominação utilizada nos parágrafos na sequência, é o produto de processo de intemperismo instalado em rochas e é descrita como solo superficial por alguns pesquisadores, ou solo laterítico por outros. Portanto, são camadas de solo que ocorrem cobrindo o terreno, e incluem solo residual maduro (Oliveira; Monticeli, 2018). O solo eluvial é sempre homogêneo em relação à cor, granulometria e composição mineralógica, quando observado macroscopicamente. Exibe comportamento isotrópico e não possui estruturas geológicas preservadas da rocha-matriz. O índice de resistência (N_{SPT} – número de golpes do

SPT ou índice de resistência à penetração) é relativamente baixo, com consistência mole a muito mole para camadas argilosas, e compacidade fofa a pouco compacta para solos arenosos.

O termo *solo de alteração* foi empregado para as camadas abaixo do solo eluvial que ainda apresentam processos incipientes de intemperismo e pedogenéticos em andamento (Oliveira; Monticeli, 2018). Alguns profissionais eventualmente dividem essa camada em duas subcamadas: solo residual maduro (superior) e solo residual jovem (inferior). A primeira é a camada que sofreu processo de decomposição bastante acentuado e apresenta índices relativamente baixos de resistência ao SPT, e, na segunda, o processo em ação de alteração ainda é embrionário e os índices são mais elevados.

Portanto, os solos de alteração são sempre heterogêneos em relação à cor, granulometria e composição mineralógica. Essa heterogeneidade decorre da manutenção do arranjo dos minerais segundo a disposição original da rocha-matriz, fazendo com que os minerais do solo, ou neoformados ou remanescentes da rocha, ocupem os mesmos lugares e posições exibidos na rocha original (Oliveira; Monticeli, 2018). Além disso, as eventuais estruturas presentes na rocha-matriz encontram-se preservadas e reconhecíveis no solo de alteração.

Quando o solo eluvial e o de alteração são transportados de sua posição original, dão-se os nomes de *colúvio*, para aqueles transportados pela gravidade, e *aluvionar*, para os deslocados pela ação da água de córregos e rios. O tálus e cone de dejeção são tipos de solo coluvionar e os depósitos fluviais são típicos de aluvião.

As inúmeras sondagens executadas para construção de obras de transposição da Serra do Mar demonstram que no Planalto de Piratininga as camadas de solos são mais desenvolvidas e, em decorrência da composição mineralógica das rochas, resultam em solos finos ou granulares. No trecho da Serrania Costeira, onde predominam as escarpas da serra, as espessuras desses solos são delgadas, e voltam a ser maiores nos morros e morrotes da Baixada Litorânea. Nos locais de ocorrência de rochas graníticas, é mais comum a formação de matacões e blocos de rochas, com diâmetros de 0,6 m a 3 m, expostos na superfície do terreno e em vales de drenagens, bem como submersos nas camadas de solos.

A transposição da Serra do Mar entre Paraibuna e Caraguatatuba secciona parte do Planalto de Paraitinga, da Serrania Costeira e da Baixada Litorânea, como pode ser observado na Rodovia dos Tamoios, cuja duplicação está em construção. Essas obras são compostas por túneis, pontes e viadutos que exigiram investigações com sondagens, sobretudo em áreas de corte de taludes e nos emboques de túneis (Concessionária Rodovia dos Tamoios, 2016). Em cada uma das unidades geomorfológicas, o relevo é característico, e as encostas apresentam declividades distintas e podem abrigar depósitos aluvionares com dimensões e características específicas.

A Fig. 3.11 mostra o perfil típico de solos de uma encosta onde foram executadas duas sondagens mistas, cuja seção geológico-geotécnica foi utilizada no estudo do projeto de duplicação da rodovia. Nesse projeto, utilizaram-se critérios e denominações de solos eluviais e solos de alteração, e as rochas foram identificadas como alteradas e sãs, seguindo a classificação da Geologia de Engenharia.

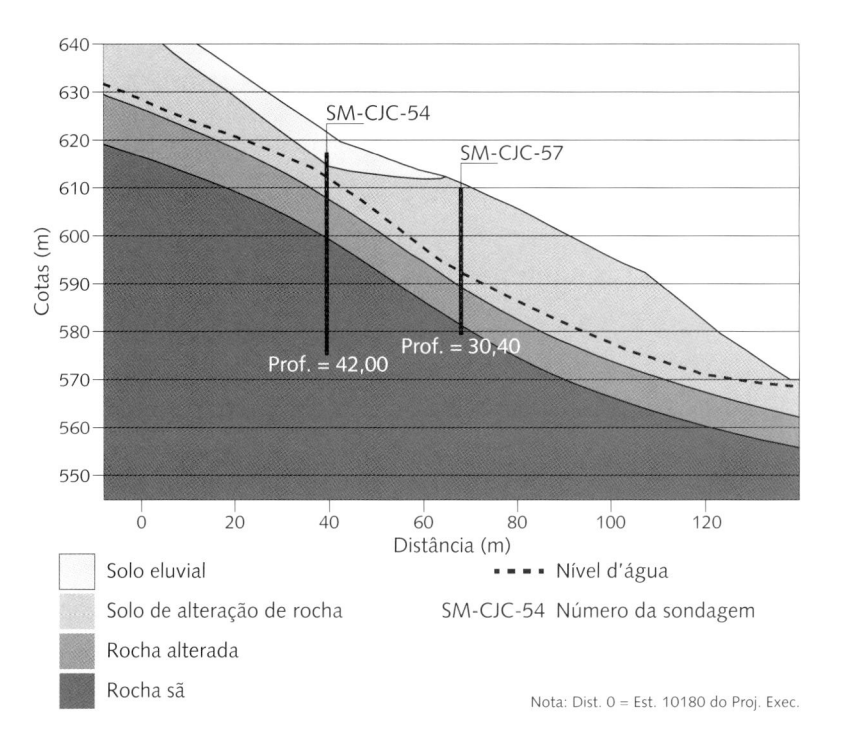

Fig. 3.11 *Seção típica do perfil de solos próximo ao Planalto de Paraitinga, entre as cotas 570 m e 640 m na Serra do Mar, com ocorrência de camadas de solos: eluvial, de alteração, rocha alterada e rocha sã*
Fonte: modificado de Concessionária Rodovia dos Tamoios (2016).

Para simplificar a compreensão dos diferentes perfis encontrados ao longo da Rodovia dos Tamoios, que atravessa a Serra do Mar, as camadas de solos identificadas no projeto rodoviário foram agrupadas conforme segue:
- Colúvio, no presente capítulo, está identificado como solo eluvial.
- Solo residual maduro, solo saprolítico 1, solo saprolítico 2 e saprolito foram denominados solo de alteração.
- Maciço rochoso alterado é a junção de rocha alterada mole (RAM) e rocha alterada dura (RAD).
- Maciço rochoso são foi chamado de rocha sã.

Na Baixada Litorânea, os estudos efetuados pelo IPT (1974) integraram inúmeras sondagens à percussão, com datações em testemunhos aluvionares, sobretudo em matéria orgânica (fragmentos de madeira). O conjunto desses dados e informações, acrescido de publicações técnicas e de experiências profissionais, permitiu descrever, de forma sintética, os principais tipos de solos e suas características geológico-geotécnicas, como são destacados nas seções a seguir.

Solo eluvial

No início da descida da Serra do Mar e mais próximo ao Planalto de Paraitinga, os solos eluviais aparecem no topo das elevações e nos taludes menos inclinados. A espessura é relativamente delgada, em geral inferior a 3 m a 5 m, com índices N_{SPT} baixos (< 5 golpes) eventualmente com valores elevados quando atinge cascalhos, como mostram as investigações realizadas com sondagens mistas no trecho de uma região entre as cotas 555 m e 530 m (Fig. 3.12). A camada de solo eluvial junto à superfície do terreno é formada por argila siltosa e areia fina argilosa marrom-amarelada, com pedregulhos, e apresenta permeabilidade entre 3×10^{-5} a 9×10^{-5} cm/s.

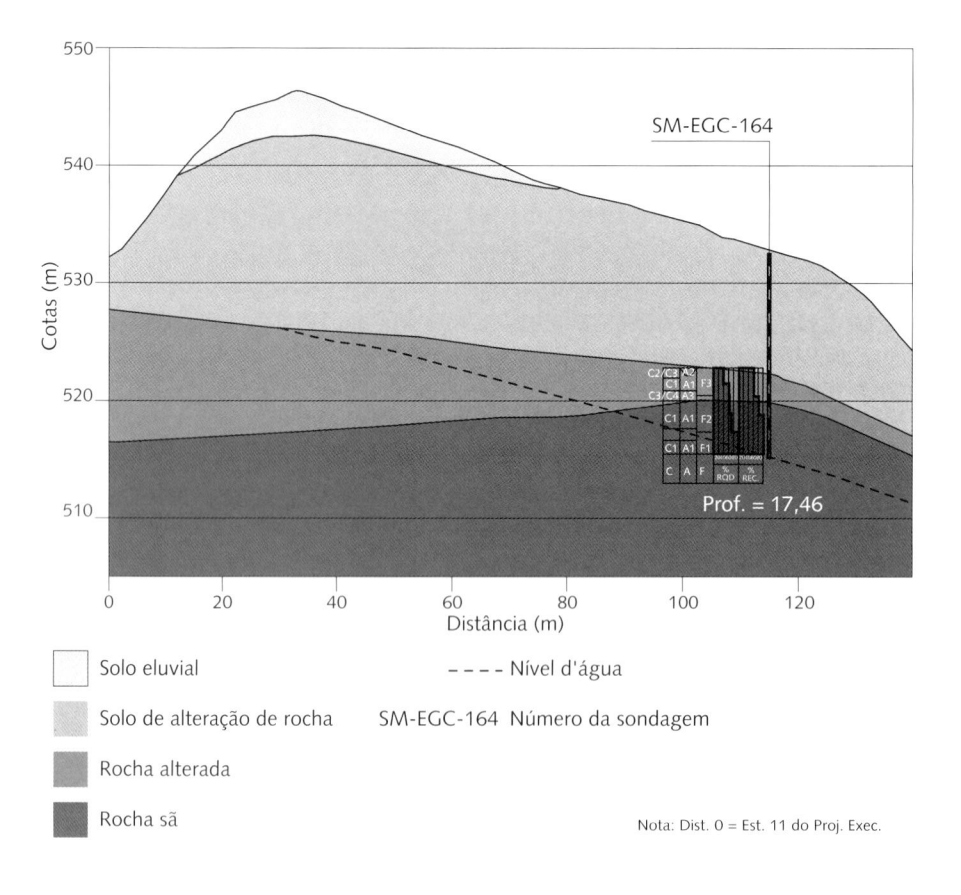

Fig. 3.12 *Seção típica do perfil de solos na região entre as cotas 525 m e 545 m na Serra do Mar, com ocorrência de camadas de solos: eluvial, de alteração, rocha alterada e rocha sã*
Fonte: Concessionária Rodovia dos Tamoios (2016).

Na região da Serrania Costeira, onde predominam escarpas íngremes, o solo eluvial praticamente não é encontrado e, quando ocorre, exibe camada muito delgada, como mostra a Fig. 3.13. No topo de elevações entre taludes, podem-se encontrar o solo eluvial e o solo de alteração. Não raramente, no pé de encostas íngremes na área da Serrania Costeira, observa-se a ocorrência de corpos de tálus.

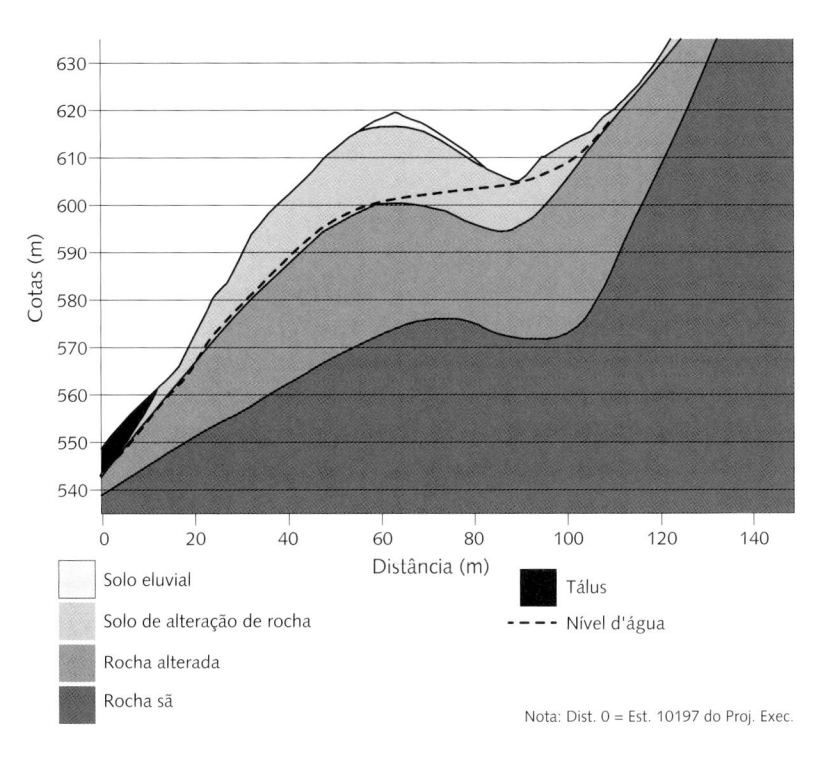

Fig. 3.13 *Seção típica na área da Serrania Costeira da Serra do Mar com encosta íngreme, entre as cotas 540 m e 635 m, com ocorrência de camadas delgadas de solos nos taludes: eluvial, de alteração, rocha alterada e rocha sã. Podem-se observar, no pé dessas encostas íngremes, corpos de tálus*
Fonte: Concessionária Rodovia dos Tamoios (2016).

Na Baixada Litorânea, os solos eluviais aparecem nos topos e nas encostas mais suaves e nos relevos que emergem na planície litorânea (Santos; Yamamoto; Iyomasa, 2017), como os morros junto ao Rio Santo Antônio (Figs. 3.14 e 3.15) e o morrote da sede da Fazenda Serramar, por exemplo. Nessa região, as camadas de solos eluviais caracterizam-se pela textura fina (argila siltosa pouco arenosa e silte argiloso pouco arenoso), com valores baixos de N_{SPT} (< 5 golpes), e pela cor marrom-amarelada. Além disso, podem conter cascalhos de quartzo em suas bases, sistematicamente, observam-se raízes de vegetais.

Solo de alteração de rocha

Partindo do planalto em direção ao litoral, verifica-se que os solos de alteração de rocha recobrem os terrenos interceptados pela rodovia. Como já mencionado, as

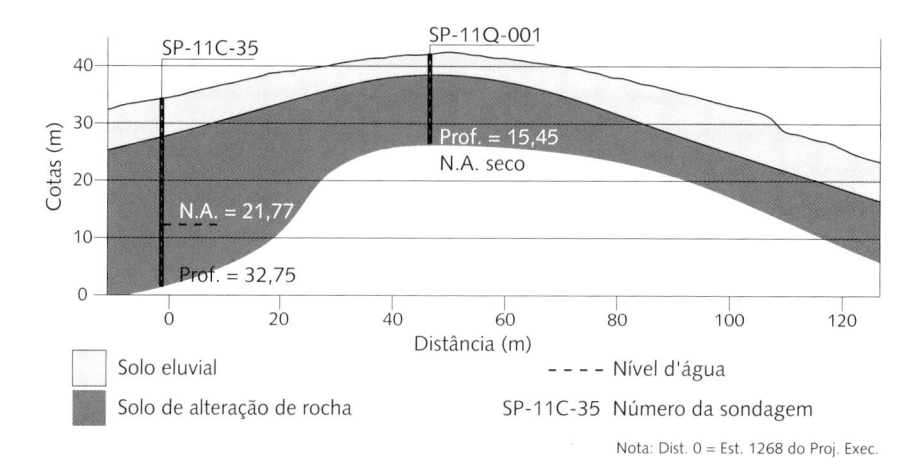

Fig. 3.14 *Camada de solo eluvial nos morrotes junto à margem esquerda do Rio Santo Antônio*
Fonte: modificado de Dersa (2014c).

sondagens mostram que essa unidade de solo pode ser dividida em duas subcamadas distintas, segundo a ação do processo de decomposição: solo de alteração maduro na parte superior e solo de alteração jovem em sua base. A camada superior é constituída, no geral, por silte arenoso micáceo quando o substrato é de gnaisses, e predominam camadas de argila e areia pouco siltosa em áreas que ocorrem rochas graníticas. A cor desses solos varia, ora cinza-esbranquiçado, ora marrom-avermelhado, dependendo da quantidade de biotita e feldspatos na rocha de origem.

Nas figuras que ilustram o solo de alteração não foi feita a distinção entre as subcamadas de solo maduro e jovem. No entanto, observa-se que, em geral, nos primeiros metros da camada de solo de alteração o índice N_{SPT} é variável até 25 golpes, porém, em profundidade, encontram-se materiais gradativamente mais resistentes ($25 < N_{SPT} < 40$ golpes),

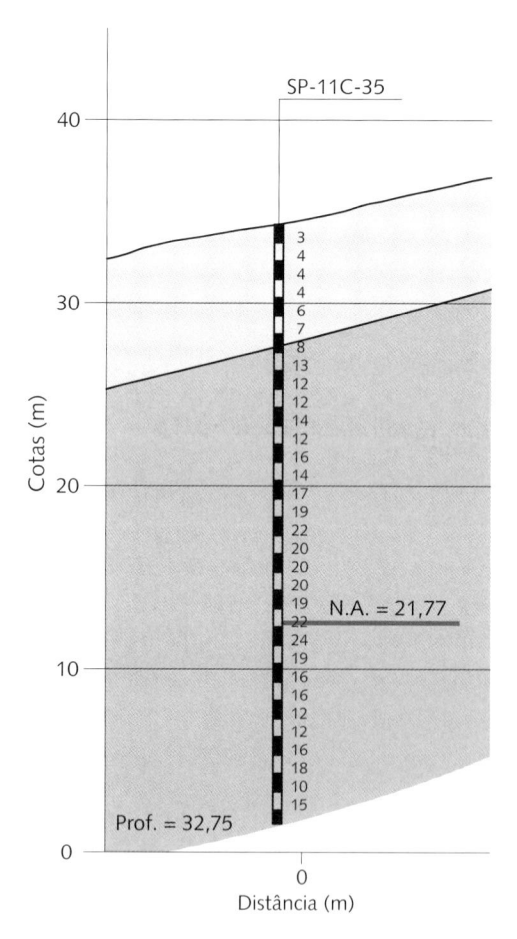

Fig. 3.15 *Detalhe de um perfil de sondagem da Fig. 3.14*
Fonte: modificado de Dersa (2014c).

atingindo a impenetrabilidade ao ensaio SPT. Na Fig. 3.16, verifica-se que abaixo do nível d'água esse índice cai para um valor de até 10 golpes. Os ensaios de permeabilidade indicaram valores entre 3×10^{-5} a 9×10^{-5} cm/s e entre 5×10^{-5} cm/s a 6×10^{-6} cm/s na camada superior e inferior do solo de alteração, respectivamente.

Como consta nos documentos consultados (Concessionária Rodovia dos Tamoios, 2016), a camada superior do solo de alteração é composta por silte arenoso e micáceo, quando é de origem de gnaisses, e por argila siltosa em trechos com diabásio (Fig. 3.16), respectivamente de cor marrom-avermelhada e marrom-amarelada. Já a composição da camada inferior de solo de alteração de rocha é de areia fina a grossa siltosa com trechos micáceos (sobre gnaisses) e argila arenosa e areia argilosa com pedregulhos de cor marrom a marrom-amarelada (sobre diabásio).

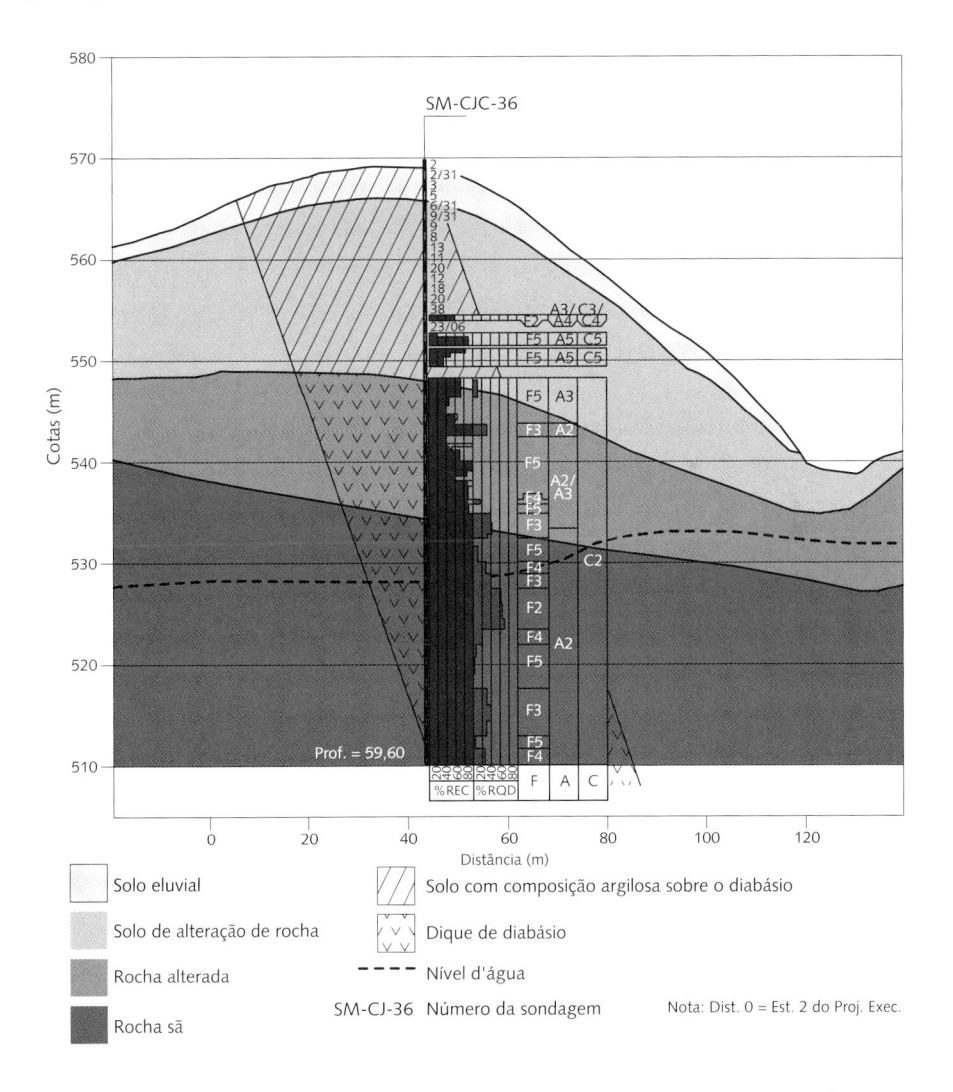

Fig. 3.16 *Camada de solo e rocha na Serrania Costeira entre as cotas 540 m e 570 m. Observar a variação do N_{SPT} no solo eluvial e no solo de alteração. A sondagem perfurou rocha básica (dique)*
Fonte: modificado de Concessionária Rodovia dos Tamoios (2016).

Na Baixada Litorânea, a camada de solo de alteração de rochas (maduro e jovem) ocorre recobrindo praticamente todos os morros e morrotes de Caraguatatuba. Nos topos arredondados desses morros e morrotes, possui espessura média de 10 m a 15 m (Fig. 3.17) e pode apresentar profundidades de até 30 m, como foi verificado em sondagens rotativas. Nas encostas íngremes, a espessura do solo de alteração reduz para cerca de 5 m, como pode ser observado na cicatriz do escorregamento de 2017 no Morro Santo Antônio (Nishijima; Gramani; Iyomasa, 2017).

Na parte superior dessas camadas de solo de alteração, em geral, predominam solos mais finos (argiloarenosos e siltoarenosos), e, para a base, a granulação passa para areia fina siltosa e areia média a grossa pouco siltosa. É frequente observar a presença de micas e estruturas geológicas preservadas das rochas originais (gnaisses e migmatitos), como foliações, fraturas preservadas e fragmentos alterados. O índice de resistência à penetração (SPT) é muito variável e cresce gradualmente com a profundidade, variando de 3 a 5 golpes até 50 golpes, como mostra a Fig. 3.18 (Dersa, 2014a).

Nos relevos que se sobressaem na Baixada Litorânea, quando a rocha-matriz é básica, como se observa no morro entre a margem esquerda do Rio Santo Antônio e a Estrada da Serrania, a camada superior do solo de alteração é predominantemente de argila siltosa pouco arenosa, marrom e com fragmentos de rocha alterada (diabásio) na parte superior desse solo, com N_{SPT} entre 4 e 15 golpes, conforme Fig. 3.19 (Dersa, 2014b).

Na camada inferior do solo de alteração de rochas básicas (por exemplo, diabásio), são encontradas faixas de cor marrom constituídas por silte argiloso e silte arenoso, e nas proximidades da rocha alterada esse solo é mais granular (areia fina e média argilosa) de cor variegada. Os índices N_{SPT} gradualmente passam de 15 a 48 golpes (SP-11C-25), ou até reduzir, como se verifica no perfil da SP-11C-26 (Fig. 3.18).

Aluvião

Na área do planalto e no trecho das escarpas da serra, os depósitos aluvionares (fluviais) ocorrem de forma rara e restrita e ao longo de pequenas drenagens em trechos planos. Em geral, são constituídos por areias fofas a muito fofas ($N_{SPT} < 5$ golpes) e com espessura inexpressiva (Concessionária Rodovia dos Tamoios, 2016). No entanto, esses depósitos aluvionares podem apresentar dimensões maiores, com grandes blocos de rochas e matacões, fornecendo material nos processos de corrida de lama.

Já na Baixada Litorânea, os depósitos de sedimentos aluvionares (fluviais) são encontrados em extensa área (Figs. 3.3 e 3.4), e, no município de Caraguatatuba, esses depósitos ocorrem entre a praia e o pé da serra, de norte a sul.

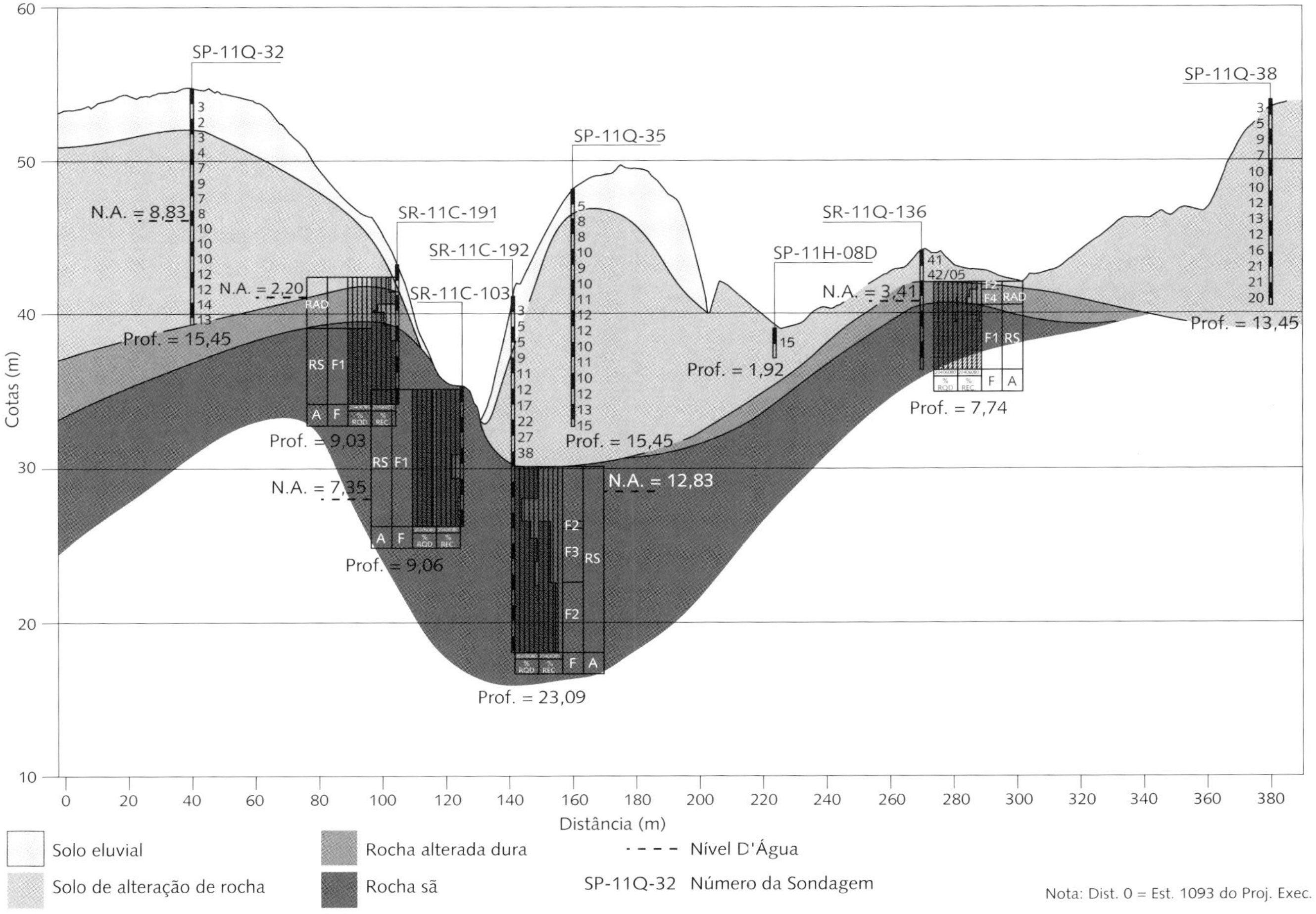

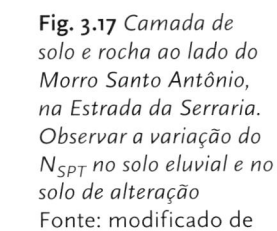

Fig. 3.17 Camada de solo e rocha ao lado do Morro Santo Antônio, na Estrada da Serraria. Observar a variação do N_{SPT} no solo eluvial e no solo de alteração
Fonte: modificado de Dersa (2014a).

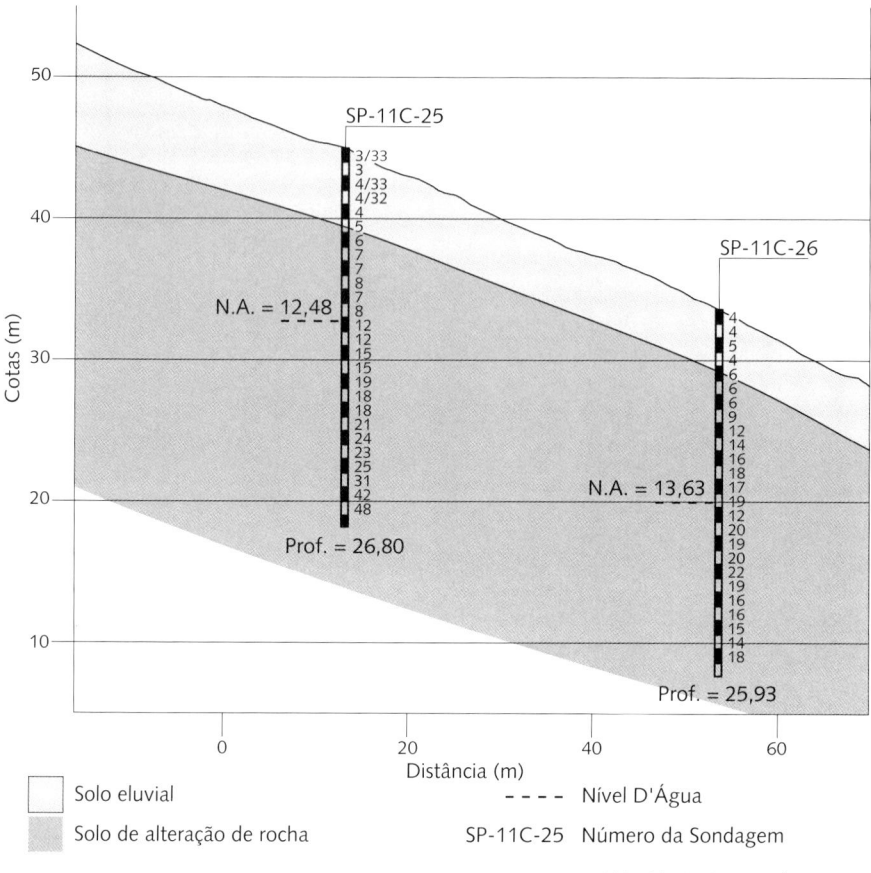

Fig. 3.18 *Camada de solos (eluvial e de alteração) sobre rocha básica (diabásio) na encosta de morro junto à margem esquerda do Rio Santo Antônio. Observar a variação do N_{SPT} no solo de alteração*
Fonte: modificado de Dersa (2014b).

Os testemunhos de sondagens executadas em vários locais de obras a construir na planície litorânea de Caraguatatuba mostram os sedimentos quaternários continentais e marinhos assentados sobre solos de alteração do embasamento cristalino. O contato entre esses solos e os sedimentos quaternários se dá desde a cota −10 m até cotas inferiores a −45 m (Fig. 3.19). Esses depósitos ocorrem ao longo de mais de 8 km de comprimento, e de leste a oeste, de 2 km a 5 km, e até 8 km na área da Unidade de Tratamento de Gás Natural de Caraguatatuba (UTGNC). Na região norte de Caraguatatuba, os depósitos aluvionares ocorrem no Vale do Rio Guaxinduba.

As sondagens mostram que esses sedimentos quaternários continentais extraídos são corpos de aluvião predominantemente arenosos, com presença de silte, argila e micas. Esses depósitos ocorrem nas porções superficiais do terreno (primeiros 10 m) e apresentam cor cinza-amarelada, e seus índices de N_{SPT} variam entre 2 e 13 golpes, eventualmente exibindo valores muito elevados.

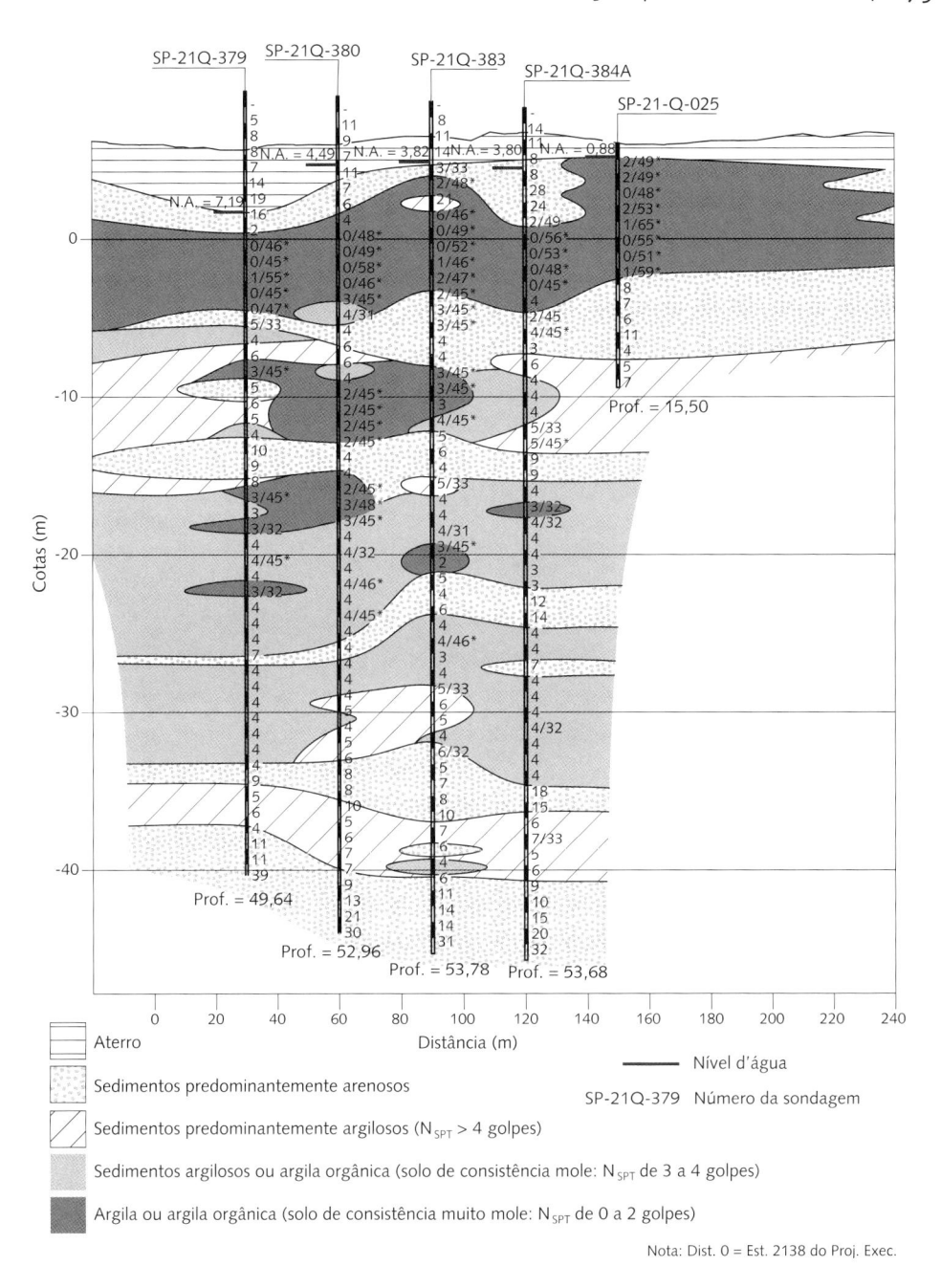

Fig. 3.19 *Camada de aterro sobre depósitos fluviomarinho e marinho que ocorre no litoral de Caraguatatuba, constituídos por camadas de areia e argila orgânica (solo mole e muito mole) com espessura variada, na região do bairro do Tinga*
Fonte: modificado de Dersa (2014d).

Já as camadas aluvionares fluviais e fluviomarinhas ocorrem de forma intercalada e são encontradas ao longo do traçado da antiga Rodovia BR-101, cujas obras foram paralisadas na década de 1970. Sob esses depósitos fluviais e fluviomarinhos, são encontrados sedimentos quaternários de origem marinha, que podem ser divididos em dois grandes grupos: predominantemente arenosos e predominantemente argilosos. Esses grupos ocorrem intercalados e interdigitados lateral e verticalmente. Os predominantemente argilosos apresentam cor cinza-amarelada e cinza-escura, com índices N_{SPT} variados, desde argila muito mole ($N_{SPT} \leq 2$) até dura ($N_{SPT} > 19$). Já os predominantemente arenosos também possuem índices de N_{SPT} variados que vão desde areia fofa ($N_{SPT} \leq 4$) até muito compacta ($N_{SPT} > 40$), como mostra a Fig. 3.19. Essas areias apresentam tonalidades de cinza e geralmente contêm pedregulhos e conchas em meio aos grânulos sólidos (Santos; Yamamoto; Iyomasa, 2017).

Os depósitos essencialmente marinhos atuais que estão na superfície do terreno são encontrados nas praias, ao longo da linha da costeira: ao sul da cidade de Caraguatatuba, a praia é longa e contínua e, ao norte, está interceptada pelo Morro Jardim Capricórnio.

Nas áreas de inundação de jusante das principais drenagens que desaguam no oceano, como Guaxinduba, Santo Antônio, Perequê Mirim e Juqueriquerê, ocorrem depósitos aluvionares de origem fluvial e fluviomarinha. Nesses depósitos são encontradas camadas de argila orgânica em diferentes níveis, e não raro há alternância e interdigitação entre camadas de areias (granulação fina a média) e de argila orgânica. Na base dos depósitos aluvionares (fluviais e fluviomarinhos) predominam as camadas de areia média a grossa, com espessuras variáveis e que podem atingir até 40 m, como foi verificado no bairro do Tinga (Fig. 3.19).

Em decorrência de resultados obtidos de ensaios de *vane test*, CPT (*cone penetration test*) e CPTu (*piezocone penetration test*) para a construção de aterro da rodovia, foi possível separar as camadas de solo mole em dois grupos com N_{SPT} diferenciados: (a) $N_{SPT} \leq 2$ golpes; e (b) N_{SPT} entre 2 e 4 golpes. A espessura média observada das camadas de solo mole e muito mole foi de 5 m, e de forma localizada pode chegar a até 10 m (Santos; Yamamoto; Iyomasa, 2017).

As camadas de areias apresentam espessura variável, de alguns metros até mais de 20 m, e N_{SPT} também variável, de areia fofa ($N_{SPT} \leq 4$) a areia compacta ($19 < N_{SPT} \leq 40$). Na parte inferior e em contato com o solo de alteração de rocha, em geral, as areias são grossas, contêm pedregulhos e conchas, e suas camadas são muito compactas ($N_{SPT} > 40$). Essas areias apresentam tonalidades de cinza, conforme Fig. 3.19.

3.3.4 Outros tipos de depósitos

A legenda da Fig. 3.4 identifica o *depósito misto*, composto por solos inconsolidados que apresentam dificuldades na caracterização de sua origem. São depósitos atuais onde há sobreposições e até interdigitações de camadas delgadas de solo eluvial e de pequenos depósitos aluvionares. Nos levantamentos efetuados, esses depósitos estão localizados no sopé das encostas da serra (IPT, 1974), a oeste de Caraguatatuba. Campanhas de sondagem realizadas para a construção da nova rodovia mostram que esses depósitos constam nos documentos consultados (IPT, 1974; Consórcio JGP/Ambiente Brasil Engenharia, 2012).

As sondagens executadas também indicaram se tratar de camadas pouco espessas (< 5 m), compostas por argila siltosa com consistência mole ($N_{SPT} \leq 5$) e areia fina pouco compacta ($N_{SPT} \leq 8$), que apresentam coloração marrom e cinza-clara, respectivamente. Com certa frequência, são encontrados cascalhos e fragmentos de rochas.

Os acontecimentos recentes, como o evento de 1967, também contribuíram para a formação de depósitos de sedimentos na Zona da Baixada Litorânea, que cobrem áreas significativas das atuais várzeas dos Rios Santo Antônio e Guaxinduba, como foi mencionado em IPT (1974). No depoimento do Geólogo Stein (Anexo A3) consta que os escorregamentos de 1967 ocorreram sobretudo no contato entre o maciço rochoso e a cobertura delgada de solos, e parte dos materiais movimentados foi depositada nas drenagens.

No trabalho realizado pelo IPT (1974), houve o cadastramento de 60 (sessenta) cicatrizes de escorregamentos nas encostas dos vales das drenagens Casa Alta, Pau D'Alho, Mortos, Camburu e Santo Antônio, com dados de dimensões, tipos de rupturas e materiais removidos, que permitiram estimar o volume de material movimentado. O total de material granular movimentado no evento de 1967 foi estimado em 16,4 milhões de metros cúbicos (IPT, 1974) e, desse montante, no Vale do Rio Santo Antônio estimou-se o volume de 4,2 milhões de metros cúbicos. Já Petri e Suguio (1971), em estudos realizados nesse vale, estimaram que o volume mobilizado foi cerca de 2 milhões de metros cúbicos, mas não constam na publicação os procedimentos adotados para essa avaliação.

Ao longo dos Rios Santo Antônio e Guaxinduba, em especial nas porções finais dessas drenagens, encontram-se expostos os depósitos de materiais inconsolidados mobilizados no evento de 1967. São depósitos de areias e de matacões (diâmetro < 1 m) e blocos de rocha (1 m < diâmetro < até 10 m), como mostram as Figs. 3.20 e 3.21, arredondados e alongados, cujo formato está condicionado ao tipo litológico.

Nessas figuras, podem-se observar matacões e blocos de rocha depositados sobre camadas de material de granulação mais fina (areias e cascalhos), o que induziu os Profs. Suguio e Petri, na época, a reparar na situação inusitada para a ciência geológica: uma verdadeira inversão no processo de sedimentação, como consta no depoimento do Prof. Petri (Anexo A3). Eles deduziram que a inversão poderia ocorrer se os matacões viessem flutuando no fluxo de lama e, quando cessasse o escoamento, se assentassem sobre as camadas de areias e cascalhos.

Nos levantamentos efetuados na região de Caraguatatuba, ao longo das calhas de drenagens que deságuam na Baixada Litorânea, verificou-se que a granulação dos materiais de depósitos inconsolidados diminui em direção ascendente a partir do

Fig. 3.20 *Margem esquerda do Rio Santo Antônio em sua porção final, a cerca de 3,3 km da foz no oceano. Notar matacões no leito do rio e imersos em camada de areia do depósito inconsolidado do evento de 1967*

Fig. 3.21 *Margem esquerda do Rio Santo Antônio, a jusante da Fig. 3.20*

sopé da serra. Portanto, depósitos de matacões, cascalhos e areia grossa são encontrados no trecho de jusante das drenagens principais, e, segundo o IPT (1974), os blocos de rochas "não raro ultrapassam 10 m de diâmetro" (Figs. 3.22 a 3.25). Esse tipo de distribuição foi observado por Nishijima, Gramani e Iyomasa (2017) quando discutiram o escorregamento no Morro Santo Antônio na vertente norte, que ocorreu em 15 de março de 2017, 50 anos após o evento de 1967.

Sondagens rotativas e escavações executadas para o projeto executivo dos Contornos na várzea do Rio Guaxinduba mostraram espessura de 5 m a 6 m para camada constituída predominantemente de matacões e blocos de rocha em matriz arenosa, sobreposta a sedimentos aluvionares e solo de alteração de gnaisse (Cunha; Paula; Goulart, 2018).

3 Aspectos do meio físico | 83

Fig. 3.22 *Bloco de rocha em uma residência da Rua dos Castanheiros, localizada na planície da margem esquerda do Rio Guaxinduba*

Fig. 3.23 *Residência construída parcialmente sob um bloco de rocha, na Rua dos Castanheiros*

Fig. 3.24 *Parte do bloco de rocha, indicada pela seta*

Fig. 3.25 *Base do bloco de rocha exibido na Fig. 3.24*

Estudos efetuados por Fulfaro et al. (1976), por meio de levantamento aerofotográfico, mapeamentos de campo e sondagens nos depósitos aluvionares e nos detritos acumulados em 1967, possibilitaram realizar a interpretação geológica e avaliar o volume de material mobilizado, como descrito nos capítulos específicos. A pesquisa foi complementada pela avaliação de recorrência desse tipo de escorregamento vultuoso em Caraguatatuba, fundamentada em resultados obtidos por meio de datações (C-14) em amostras de madeira coletadas nos testemunhos de sondagens profundas.

Na interpretação geológica, Fulfaro, Suguio e Ponçano (1974) mencionaram que a formação dos depósitos no litoral paulista ocorreu por processo de emersão e submersão, que os depósitos de Caraguatatuba estão condicionados por estruturas geológicas locais e que propiciaram acentuada erosão remontante. Posteriormente, a área foi detalhada por Suguio e Martin (1978), que indicaram algumas fases de emersão e submersão.

Fulfaro et al. (1976) descreveram que as sondagens atingiram até 42,43 m de profundidade em sedimentos constituídos por areias, siltes e argilas e com restos de conchas e níveis de turfa. Mencionaram ainda a ocorrência de entalhes profundos no topo rochoso do embasamento sob os sedimentos, obtida por ensaios geofísicos.

A análise da distribuição dos materiais movimentados nas encostas em 1967 indicou que a deposição ocorreu, preferencialmente, junto ao pé da serra, e em menor quantidade os materiais atingiram a linha de praia.

Referente às datações, realizadas pelo Laboratoire du Radiocarbone du Commissariat à l'Energie Atomique et du Centre National de la Recherche Scientifique, na França, Fulfaro et al. (1976) apresentaram os resultados expostos na Tab. 3.1.

Tab. 3.1 Resultados de ensaios realizados na França para datação de amostras coletadas em testemunhos de sondagens, conforme estudo de Fulfaro et al. (1976)

Amostra	Idade
SP-2-1	3.320 ± 100 anos
SP-2-2	> 35.000 anos
SP-5-1	7.950 ± 220 anos
SP-5-2	8.030 ± 150 anos

Após análise de correlação estratigráfica ao longo de perfis de até 42 m de profundidade e avaliações sobre a possibilidade de remobilização de detritos vegetais situados em camadas superiores para camadas inferiores, os autores concluíram que:

- ocorreram fases de escorregamentos a cada 1.350 anos, conforme indicação no perfil SP-2-2;
- ocorreram fases de escorregamentos a cada 940 anos, conforme indicação no perfil da SP-2-1.

Após análise dos dados e a admissão da idade de 35.000 anos como verdadeira para as amostras datadas, Fulfaro et al. (1976, p. 345) concluíram que nos últimos 3.300 anos teria ocorrido uma única grande fase de escorregamento, a de 1967, o que implicaria, "estatisticamente falando, que haveria uma maior probabilidade de que outra fase importante de escorregamentos ocorresse num tempo bem menor que o fornecido pelos cálculos" efetuados no estudo.

Na região de Caraguatatuba, são encontrados outros tipos de depósitos, como corpos de tálus e de cone de dejeção formados, respectivamente, por processo de transporte gravitacional e por enxurradas em pequenas drenagens. No município, esses corpos individualmente ocupam áreas pequenas de cobertura da superfície de terrenos; no entanto, tais materiais contribuíram de forma significativa, não em volume, no evento da corrida de lama de 1967, motivo que nos levou a descrevê-los.

Corpos de tálus são depositados inconsolidados em sopé de encostas íngremes; em geral, são constituídos por matacões e blocos de rocha em matriz de solo, pouco espessos, e apresentam-se saturados e com lentos movimentos gravitacionais. Esse tipo de depósito ocorre na Serrania Costeira e junto ao sopé de morros que emergem na Baixada Litorânea.

Os cones de dejeção são outro tipo de depósito aluvionar (leque aluvial), cuja formação está associada a enxurradas que ocorrem nas drenagens das encostas íngremes de serras. Esses depósitos de sedimentos são inconsolidados, em geral, de granulação grossa no topo e fina na base, e possuem formato de um cone, como definiram Oliveira e Monticeli (2018).

Blocos de rocha deslocados pela ação da gravidade são encontrados nas encostas de morros, como mostram as Figs. 3.22 e 3.23. Os blocos mostrados nas imagens estão depositados em uma pequena drenagem que desce na vertente sul do morro do bairro Cidade Jardim, na planície da margem esquerda do Vale do Rio Guaxinduba, a cerca de 2,3 km de sua foz.

Subindo cerca de 80 m nessa vertente da encosta e ao longo da pequena drenagem, foram encontrados inúmeros blocos que atualmente estão na base do aterro da rodovia em construção. Um desses blocos de rocha granítica está exposto ao lado da rodovia, como mostram as Figs. 3.24 e 3.25.

3.4 Conclusões

No presente capítulo abordaram-se de forma resumida as características físicas dos terrenos do município de Caraguatatuba, para contribuir ao entendimento do evento catastrófico de 1967. Como bem mencionou o Prof. Arthur Casagrande, faz-se necessário o conhecimento da geomorfologia, geologia e geotecnia, aliados à pluviometria e à vegetação arbórea que recobre as encostas da Serra do Mar, para o entendimento técnico das ocorrências desse evento.

Basicamente, o município de Caraguatatuba abrange as unidades geomorfológicas Zona da Serraria Costeira e Zona da Baixada Litorânea. A primeira apresenta aspectos variados ao longo de todo o seu domínio, desde a típica borda de planalto, com altitudes entre 800 m e 1.200 m, passando pelas escarpas íngremes da Serra do Mar, até a Zona da Baixada Litorânea. Caracteriza-se por ser área de cabeceiras de drenagens em terreno montanhoso, vales profundos e muito encaixados e canais em rocha contendo blocos e matacões. Sustentam esse terreno montanhoso os gnaisses e granitos foliados (granitoides), bem como rochas associadas ao cisalhamento de direção N 60/70 E, formando grandes blocos que se desprenderam do maciço rochoso.

Essas litologias deram origem ao solo eluvial argiloso, em áreas restritas e de pequena espessura, bem como aos solos de alteração de rocha que recobrem a superfície rochosa. Os solos em contato com o maciço rochoso são mais granulares (silte arenoso no topo e, na base, areia fina, média a grossa pouco siltosa), portanto, com caráter arenoso, como mencionado pelo Prof. Arthur Casagrande. Já a Baixada Litorânea é composta por terrenos aplainados associados aos depósitos de sedimentos inconsolidados.

Entende-se que essas características do meio físico do município de Caraguatatuba contribuem ao entendimento do processo do *debris flow* e ajudam a esclarecer os acontecimentos do evento de 1967, quando a área foi submetida à intensa pluviosidade. Nas escarpas da Serra do Mar, sobretudo nas encostas íngremes e desprovidas de solo eluvial, as camadas delgadas de solos arenosos favorecem os cenários de escorregamentos planares e rasos, como demonstram os levantamentos efetuados, quando o terreno se apresenta saturado após período intenso de precipitações pluviométricas.

As drenagens principais são perenes, e os cursos d'água podem desenvolver velocidades rápidas, em épocas de chuvas intensas, denominados popularmente como cabeça d' água, e causam enxurradas, principalmente no verão. Essa dinâmica pode remover corpos de tálus e grandes blocos de rocha dispostos nos sopés de encostas. Tem-se, então, um quadro potencial e favorável para o desenvolvimento do processo de corrida de lama.

Estudos e análises efetuadas com datações em amostras retiradas de testemunhos de sondagens indicam a possibilidade de ocorrência de novos *debris flows*. Fulfaro et al. (1976), ao admitirem a idade de 35.000 anos como verdadeira, obtida por meio de datações, concluíram que nos últimos 3.300 anos teria ocorrido uma única grande fase de escorregamento, a de 1967, e que há possibilidade de uma nova fase de escorregamentos ocorrer num tempo bem menor do que o calculado.

Agradecimentos

À tecnóloga Isabel Cristina Carvalho Fiammetti, pela produção das figuras deste capítulo, e aos demais autores deste livro, que apresentaram sugestões e revisaram o texto apresentado.

Referências bibliográficas

AB'SÁBER, A. N. Contribuição à geomorfologia do litoral paulista. *Revista Brasileira de Geografia*, São Paulo, v. 1, n. 1, p. 1-48, mar. 1955.

ALMEIDA, F. F. M. de. Fundamentos geológicos do relevo paulista in Geologia do Estado de São Paulo. *Boletim do Instituto Geográfico e Geológico*, São Paulo, v. 1, n. 41, p. 169-263, 1964.

ALMEIDA, F. F. M. de; CARNEIRO, C. D. R. Origem e evolução da Serra do Mar. *Revista Brasileira de Geociências*, [s. l.], v. 28, p. 135-150, jun. 1998.

AMARAL, G. et al. Potassium-Argon Dates of Basaltic Rocks from Southern Brazil. *Geochimica et Cosmochimica Acta*, Berkeley, v. 2, n. 30, p. 159-189, fev. 1966.

BRITO NEVES, B. B.; CORDANI, U. G. Tectonic evolution of South America during late proterozoic. *Precambrian Research*, v. 33, p. 23-40, 1991.

CAMPANHA, G. A. C.; ENS, H. H. Estruturação geológica da região da serra do Juqueriquerê, São Sebastião, SP. *Bol. IG-USP*, Série Científica, São Paulo, v. 27, p. 41-49, 1996.

CAMPANHA, G. A. C.; ENS, H. H.; PONÇANO, W. L. Análise morfotectônica do planalto do Juqueriquerê, São Sebastião. *Revista Brasileira de Geociências*, São Paulo, v. 24, p. 32-42, mar. 1994.

CONCESSIONÁRIA RODOVIA DOS TAMOIOS S. A. (São Paulo). *Projeto Executivo*: Duplicação da SP-099 – Rodovia dos Tamoios. São Paulo: Agência de Transporte do Estado de São Paulo (Artesp), 2016. Consulta ao Processo nº 98/2011, realizada na Companhia Ambiental do Estado de São Paulo (CETESB.105573/2021-09, Consulta aprovada em 04-01-2021.)

CONSÓRCIO JGP/AMBIENTE BRASIL ENGENHARIA (São Paulo). *Rodovia dos Tamoios (SP-099) Duplicação da Serra km 60,48 ao km 82,00*: Estudo de Impacto Ambiental. 7 v. São Paulo: DER; Dersa, 2012. Disponível em: <https://cetesb.sp.gov.br/licenciamentoambiental/eia-rima/>. Acesso em: 5 ago. 2021.

CUNHA, M. A.; PAULA, M. S. de; GOULART, B. P. Avaliação da possibilidade de ocorrência de *debris flow* ao longo dos vales atravessados pela Rodovia dos Contornos da Nova Tamoios – Caraguatatuba e São Sebastião – Litoral Norte do Estado de São Paulo. In: CONGRESSO BRASILEIRO DE GEOLOGIA DE ENGENHARIA E AMBIENTAL, 16., 2018, São Paulo. *Anais...* São Paulo: ABGE, 2018.

DERSA – DESENVOLVIMENTO RODOVIÁRIO S.A. *Nova Tamoios – Contornos*. Projeto Executivo – Desenho de Seção Geológica: DE-46.10.000-G12 – 003-A. São Paulo: Dersa, 2014a.

DERSA – DESENVOLVIMENTO RODOVIÁRIO S.A. *Nova Tamoios – Contornos*. Projeto Executivo – Desenho de Seção Geológica: DE-46.10.000-G12 – 007-A. São Paulo: Dersa, 2014b.

DERSA – DESENVOLVIMENTO RODOVIÁRIO S.A. *Nova Tamoios – Contornos*. Projeto Executivo – Desenho de Seção Geológica: DE-46.10.000-G12 – 008-A. São Paulo: Dersa, 2014c.

DERSA – DESENVOLVIMENTO RODOVIÁRIO S.A. *Nova Tamoios – Contornos*. Projeto Executivo – Desenho de Seção Geológica: DE-46.20.000-G12 – 004-B. São Paulo: Dersa, 2014d.

DIAS NETO, C. de M.; CORREIA, C. T.; TASSINARI, C. C. G.; MUNHÁ, J. M. U. Os Anfibolitos do Complexo Costeiro na Região de São Sebastião, SP. *Geologia USP*: Série Científica, São Paulo, v. 9, n. 3, p. 71-87, out. 2009.

FULFARO, V. J.; SUGUIO, K.; PONÇANO, W. L. A Gênese das Planícies Costeiras Paulistas. In: CONGRESSO BRASILEIRO DE GEOLOGIA, 28., 1974, Porto Alegre. *Anais...* v. 3. São Paulo: Sociedade Brasileira de Geologia (SBG), 1974. p. 37-42.

FULFARO, V. J.; PONÇANO, W. L.; BISTRICHI, C. A.; STEIN, D. P. Escorregamento de Caraguatatuba: expressão atual e registro na coluna sedimentar da planície costeira adjacente. In: CONGRESSO BRASILEIRO DE GEOLOGIA DE ENGENHARIA, I, Rio de Janeiro, 1976. *Anais...* v. 2. Rio de Janeiro: Associação Brasileira de Geologia de Engenharia, 1976. p. 341-350.

HASUI, Y.; SADOWSKI, G. R. Evolução geológica do Pré-Cambriano na Região Sudeste do Estado de São Paulo. *Revista Brasileira de Geociências,* v. 6, n. 3, p. 182-200, 1976.

IPT – INSTITUTO DE PESQUISAS TECNOLÓGICAS DO ESTADO DE SÃO PAULO. Estudos Geológicos e Geotécnicos para Implantação da Usina Reversível de Caraguatatuba, SP: Fase de Planejamento. São Paulo: IPT, 1974. 69 p. (Rel. nº 7.661.)

IPT – INSTITUTO DE PESQUISAS TECNOLÓGICAS DO ESTADO DE SÃO PAULO. Mapa Geológico do Litoral Norte, escala 1:100.000. São Paulo: IPT, 2013. (Rel. nº 113.407-205.)

NISHIJIMA, P. S. T.; GRAMANI, M. F.; IYOMASA, W. S. Comemoração aos 50 anos do evento de 1967: Ocorrência de escorregamento ou *debris flow* em Caraguatatuba? In: CONFERÊNCIA BRASILEIRA SOBRE ESTABILIDADE DE ENCOSTAS, 7., 2017, Florianópolis. Disponível em: <http://cobrae2017.com.br/arearestrita/apresentacoes/63/4325.pdf>.

OLIVEIRA, A. M. dos S.; MONTICELI, J. J. (Ed.). *Geologia de Engenharia e Ambiental*. 3 v. São Paulo: Tribo da Ilha, 2018. (ISBN 97885-7270-074-0.)

PEREIRA, J. P. S.; IYOMASA, W. S.; PIZZATO, E. Estudo do Mecanismo de *Rockburst* na Serra do Mar. In: CONGRESSO BRASILEIRO DE GEOLOGIA DE ENGENHARIA E AMBIENTAL, 16., 2018, São Paulo. *Anais...* São Paulo: ABGE, 2018. p. 1-9.

PERROTA, M. M. et al. *Mapa Geológico de São Paulo*. Escala 1:750.000, SIG. São Paulo: Convênio CPRM/Secretaria de Energia, Recursos Hídricos e Saneamento do Estado de São Paulo, 2005.

PETRI, S.; SUGUIO, K. Características granulométricas dos escorregamentos de Caraguatatuba, São Paulo, como subsídio para o estudo da sedimentação neocenozoica do sudeste brasileiro. In: CONGRESSO BRASILEIRO DE GEOLOGIA, 25., 1971, São Paulo. *Anais...* v. 1. São Paulo: Sociedade Brasileira de Geologia (SBG), 1971. p. 71-82.

PONÇANO, W. L. et al. *Mapa geomorfológico do Estado de São Paulo*. São Paulo: IPT, 1981. (Publicação IPT 1183.)

RICCOMINI, C.; ASSUMPÇÃO, M. Quaternary tectonics in Brazil. *Episodes*, [s. l.], v. 22, n. 3, p. 221-225, set. 1999.

SANTOS, F. S.; YAMAMOTO, J. K.; IYOMASA, W. S. Modelagem Geológico-Geotécnica a Partir de Sondagens SPT Auxiliada por Computador. Revista Fundações & Obras Geotécnicas, v. 85, p. 32-39, 2017. Disponível em: <http://www.revista-fundacoes.com.br/edicao-85-revista-fundacoes-obras-geotecnicas>.

SUGUIO, K.; MARTIN, L. Formações Quaternárias Marinhas do Litoral Paulista e Sul fluminense. In: INTERNATIONAL SYMPOSIUM ON COASTAL EVOLUTION IN THE QUATERNARY, 1., 1978, São Paulo. *Publicação Especial nº 1*. v. 1. São Paulo: Isceq, 1978. p. 11-18.

4 Aspectos climáticos

Márcio Angelieri Cunha
Marcelo Fischer Gramani
Faiçal Massad
Marcos Saito de Paula

4.1 Aspectos climáticos de interesse na região de Caraguatatuba

O clima no litoral do Estado de São Paulo é caracterizado como tropical, sem estação seca definida, com precipitação reduzida no inverno (junho e julho) e verões chuvosos e muito úmidos, sendo janeiro o mês mais chuvoso. Os registros consultados mostram que em 1976 ocorreu uma das maiores precipitações na região (4.080,2 mm) e, contrariamente, o ano com a menor precipitação foi o de 1984, com 1.065,9 mm.

A influência orográfica associada à escarpa da Serra do Mar e ao oceano tem papel fundamental na gênese das precipitações na região de Caraguatatuba. A latitude também é considerada fundamental na influência das chuvas, pois a região encontra-se em uma zona de transição onde ocorrem os embates de massas tropicais e polares, caracterizando sistemas atmosféricos específicos (Santos; Galvani, 2012).

Segundo a classificação climática de Köppen, que considera as médias de temperatura, a precipitação anual, sazonal e dos meses extremos, bem como os aspectos biogeográficos de cada região (Sant'Anna Neto, 2013), o município é classificado como Af (clima tropical chuvoso), sem estação seca com a precipitação média do mês mais seco superior a 60 mm. As temperaturas mínima e máxima do ar são de 18,2 °C e 31,6 °C (com a média em 24,9 °C), respectivamente, e a média anual de chuva é de 1.757,9 mm, de acordo com o Centro de Pesquisas Meteorológicas e Climáticas Aplicadas à Agricultura (Cepagri, <https://www.cpa.unicamp.br/>). Silva et al. (2005) destacam que no litoral norte não há uma estação seca definida; durante a primavera e o verão, os totais pluviométricos podem ultrapassar os 2.000 mm, e no inverno e outono esse valor fica próximo dos 500 mm, comprovando que há somente uma diminuição nos totais de precipitação durante essas estações.

Milanesi (2007) afirma que o regime de chuvas orográficas é determinado por diversos fatores de escala espacial e temporal, porém o maior responsável pelo desenvolvimento dessas precipitações são os fluxos de ar, presentes nos sistemas atmosféricos regionais, pela brisa marítima e pela instabilidade atmosférica local que gera convecção (Santos; Galvani, 2014).

A orografia da região é fundamental para a análise do regime pluviométrico. Milanesi (2007) estudou o efeito orográfico na Ilha de São Sebastião, levando em conta os ventos que trazem umidade do oceano e o fato de a região estar posicionada em uma zona de transição de sistemas atmosféricos. O autor concluiu que a chuva orográfica é o tipo de precipitação local que se forma quando uma barreira de relevo impede a passagem dos ventos vindos do mar, quase saturados de vapor d'água pela evaporação do oceano. Durante a transposição desse obstáculo, os ventos em ascensão se resfriam e condensam o vapor de água, originando nuvens e chuva a barlavento, isto é, na vertente exposta ao fluxo de ar. O efeito associado a esse fenômeno é a sombra de chuva (Ayoade, 2004), e ocorre na vertente oposta, em abrigo, a sotavento dos fluxos. Após a transposição do obstáculo, o fluxo de ar, agora descendente, se aquece e resseca, diminuindo consideravelmente a quantidade de umidade presente nessa parcela da atmosfera.

Segundo Sant'Anna Neto (1990), a estrutura do relevo da enseada de Caraguatatuba impulsiona o efeito de formação de chuvas orográficas e dificulta o deslocamento da Frente Polar Atlântica (FPA) na área. Tais condições podem eventualmente resultar em evento de caráter extremo.

Estatisticamente, um evento é considerado extremo quando está acima ou abaixo da média de um conjunto de dados. Considerando a chuva, que é um elemento eventual, os valores de precipitação que não se encontram dentro do intervalo da normal climatológica ou dos valores médios de uma determinada série histórica podem ser considerados como eventos extremos. Para o Litoral Norte Paulista, a Defesa Civil estabelece que o acumulado de chuva igual ou superior a 120 mm em três dias determina o alerta para o plano de contingência (Santos; Galvani, 2014). Segundo Tavares (2015, p. 123), "para cada lugar, o suporte físico, tipo de uso e ocupação do terreno determinam quando a intensidade da chuva pode se tornar um desastre".

Do ponto de vista das pessoas, o clima pode se comportar de forma estável por um longo tempo, e existir um único evento extremo que deixe marcas permanentes em suas memórias, como o que aconteceu em março de 1967. Seguramente, esse evento não foi único do ponto de vista climático e geológico, e pode se repetir em outros lugares e no futuro. Marcas de eventos extremos ocorridos no passado também ficam "memorizadas" nas rochas sedimentares, formando o registro geológico. Cabe à Geologia e às demais ciências saber onde encontrar esses registros e como interpretá-los, aumentando a capacidade de resposta da sociedade e do poder público. Vidas humanas estão em jogo quando o assunto é a interação entre o clima, a geologia, a geomorfologia e geotecnia.

4.2 Compilação de dados pluviométricos sobre o evento de 1967

A análise dos dados das chuvas acumuladas e diárias que atingiram o município de Caraguatatuba no verão de 1967 mostra a característica extrema desse evento pluviométrico. O volume de água precipitado, conjugado com os fatores físicos da área, foi o principal agente responsável pela deflagração das centenas de escorregamentos, corridas de massa e inundações que sucederam nos principais vales de drenagens da região.

A Fig. 4.1, elaborada por Guidicini e Nieble (1984), mostra as isoietas aproximadas da chuva de março de 1967 na Serra de Caraguatatuba, abrangendo as bacias das drenagens do Camburu, Pau D'Alho, Caxeta, Santo Antônio, Guaxinduba e Massaranduba. Observando a imagem, nota-se que o limite da área atingida pelos escorregamentos coincide com a isoieta de 400 mm, sendo que a cidade de Caraguatatuba está aproximadamente no centro do mapa, chegando aos valores de 260 mm no dia 17 e 325 mm no dia 18, totalizando 585 mm em 48h, conforme destacado por IPT (1988, 1990; Wolle, 1986). Decerto o mapeamento das cicatrizes dispersas por diferentes setores da encosta pode ter auxiliado a elaboração das isoietas, visto que tipologias de ocorrências de movimentos de massa são resposta do agente deflagrador, isto é, a chuva.

Uma boa parte do volume das chuvas provavelmente caiu na região marinha, como indicam as isoietas, diminuindo relativamente a quantidade que atingiu a serra. Especula-se que, se as chuvas que caíram sobre o mar atingissem o continente, nos setores escarpados da serra, os danos teriam sido muito maiores do que aqueles registrados, apesar do grau catastrófico já observado.

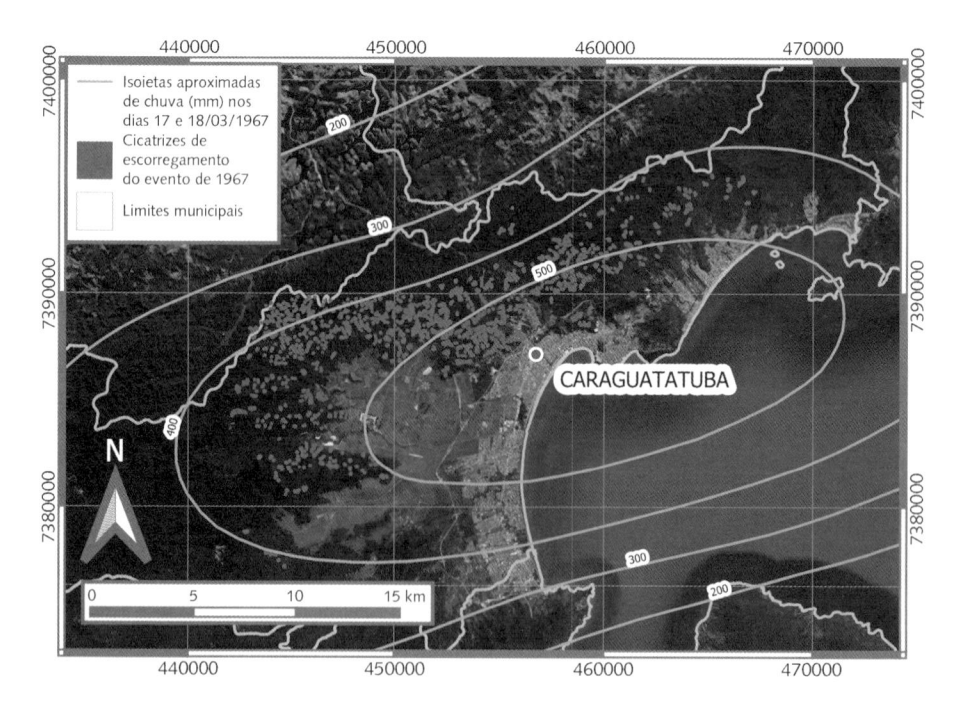

Fig. 4.1 *Isoietas aproximadas da chuva de 17/18 de março de 1967 na Serra de Caraguatatuba, com contorno da área atingida e mapeamento das ocorrências*
Fonte: Guidicini e Nieble (1984).

Cruz (1974), após avaliar os registros pluviométricos disponíveis para a região, relata que o verão de 1966-1967 se caracterizou por um número mais elevado de dias de chuva. Em março de 1967, choveu quase que diariamente, culminando com precipitações de 115 mm e 420 mm nos dias 17 e 18, respectivamente, registradas no posto pluviométrico da Fazenda Serramar (na época, Fazenda dos Ingleses). Segundo informações do IPT (1988), no dia 18 de março as chuvas devem ter superado 420 mm, devido à saturação do pluviômetro.

Interessante descrição feita por Cruz (1974, p. 131) acerca do evento climático aponta as precipitações dos dias 17 e 18 de março como as responsáveis pelos acontecimentos catastróficos em Caraguatatuba, que é o que está expresso nas cartas sinóticas fornecidas pelo Serviço Meteorológico (Ministério da Aeronáutica). Segundo a autora, as interpretações contidas nesses documentos foram de grande utilidade para o estudo da tragédia, podendo ser resumidas da seguinte maneira:

> [...] no dia 17, a FPA (Frente Polar Atlântica) achava-se em dissolução sobre a área São Paulo-Rio, com ramo oceânico atuante. Em condições criadas pela circulação superior com *jet-stream* intensificado, as chuvas aumentaram nas áreas escarpadas da Serra, que interrompia a descontinuidade de massa no litoral São Paulo-Rio. Às 18 horas, o *jet-stream* apresentava velocidade máxima (mais de 120 km) rumo Sudeste, ao nível de 250-300 mb. Com convecção mecânica do *jet*, a frente iniciou ondulação na área. A sua proximidade unida à corrente de Jato criou um sistema de grande atividade convectiva no litoral Norte. Às 24 horas, o *jet-stream* mantinha direção e velocidade, conservando a grande atividade do sistema. No dia 18, às 12 horas, com ondulação da frente e baixas pressões, houve início de oclusão. O *jet* continuou a aumentar a intensidade do sistema, que começou a dissolver às 18 horas. Em resumo, o dia 18 foi caracterizado no litoral São Paulo-Rio por uma forte oclusão, ligada ao efeito da corrente de *jet-stream* entre 10 e 11.000 m, criando baixas pressões na área. Foram instabilizados todos os níveis, formando densas camadas de nuvens pesadas e instáveis até grandes altitudes, dentro e em torno da área de baixa pressão. A advecção de ar marítimo das altas pressões posteriores ao sistema pouco influiu no fenômeno. Somente manteve o ar carregado de umidade próximo à superfície, contribuindo para a formação do sistema de nuvens, com elevados índices pluviométricos na área [...]. Observam-se no mínimo 7 passagens de FPA em novembro, 7 em dezembro, 6 em janeiro, 5 em fevereiro e 6 em março [...].

Como consta nos registros, no período de novembro de 1966 até março de 1967 foram identificadas e catalogadas 31 Frentes Polares Atlânticas (FPA) na região de Caraguatatuba! E, durante todo o verão, na região, verificou-se uma perturbação atmosférica incomum.

Um indicativo de como as chuvas apresentaram valores excepcionais pode ser verificado pela Fig. 4.2. Essa figura corresponde a uma representação gráfica do coeficiente de ciclo móvel (CCM), formulado pelo IPT em 1988 e apresentado por Tatizana et al. (1987a, 1987b). Os autores procederam a ajustes no coeficiente de ciclo (CC) proposto por Guidicini e Iwasa (1976, 1977), denominando-o coeficiente de ciclo móvel (CCM). O CCM é uma relação entre o registro pluviométrico acumulado até um momento determinado para um episódio qualquer (por exemplo, um escorregamento) e o acumulado normal de chuva até a data do mesmo episódio (Eq. 4.1), indicando uma expectativa de chuva em relação à média histórica. Índices com valores maiores que 1 representam condições anormalmente chuvosas. Tatizana et al. (1987a, 1987b) entenderam que o início do ano pluviométrico era correspondente ao mês de julho, sendo que cada ano pluviométrico se encerrava no mês de junho do ano seguinte. O gráfico mostra a variação do CCM durante o período compreendido entre junho de 1966 e maio de 1967, onde se nota que, durante 11 meses, o índice CCM medido foi muito acima do normal, atingindo valores próximos a 2 no mês de ocorrência do fenômeno.

$$CCM = \frac{\text{total de chuva de junho até o momento determinado para um episódio qualquer}}{\text{total de chuva normal nesse período}} \quad (4.1)$$

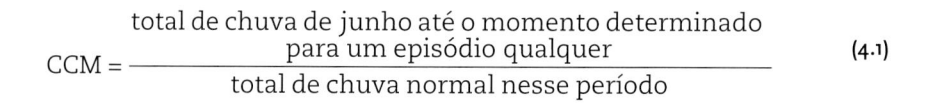

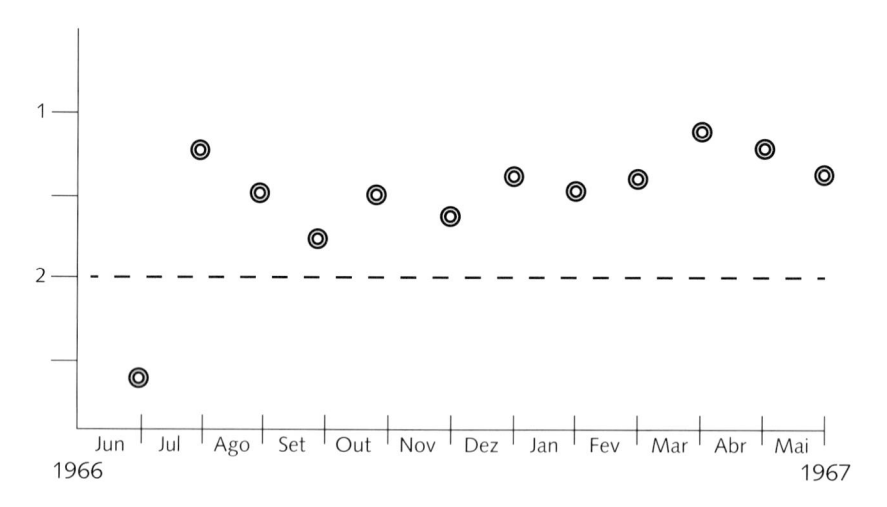

Fig. 4.2 *Gráfico de variação do CCM ao longo do período de junho de 1966 a maio de 1967, Posto Caputera, Caraguatatuba*
Fonte: IPT (1988).

De acordo com relato oral feito por Ogura (2006), no seu entendimento,

> o CCM é um indicador pluviométrico para tomada de decisão com longo prazo de antecedência, que permite verificar se o período pluviométrico se apresenta anormalmente chuvoso ou não (possibilidade de conhecimento prévio com bom grau de confiabilidade com alguns meses de antecedência). Eventos como o da região serrana do RJ em 1966, Caraguatatuba em 1967, Petrópolis em 1974, e Região do Vale do Itajaí em 2008 são exemplos de anos pluviométricos anormais, com incidência elevada de chuvas ao longo de todo o período antecedente. Caraguatatuba alcançou no ano de 1967 valores de chuvas com o dobro do índice normal do CCM "esperado" para o ano, mês e dia específico.

O gráfico de chuvas acumuladas com o tempo apresentado na Fig. 4.3, elaborado por Martins (2014) com as curvas de Kanji, Massad e Cruz (2003), ressalta o caráter catastrófico do desastre em Caraguatatuba em 1967. As curvas foram geradas a partir de uma série histórica de ocorrências de escorregamentos e corridas de massa em diversas regiões do País. No gráfico, foram plotados os valores das precipitações dos dias 17 e 18 de março de 1967 e o valor total da chuva nessas 24 horas. Considerando apenas a chuva do dia 18 de março, é possível concluir que já se trata de um caso de "evento extremo" medido para o intervalo de tempo de 24 horas!

Em virtude da elevada possibilidade de novas ocorrências e do alto potencial de danos, há necessidade de antecipar os alertas e avisos à população de forma geral. As curvas propostas no gráfico, aliadas ao acompanhamento do CCM, podem servir de indicadores de alerta para a deflagração de corridas de massa e processos correlatos.

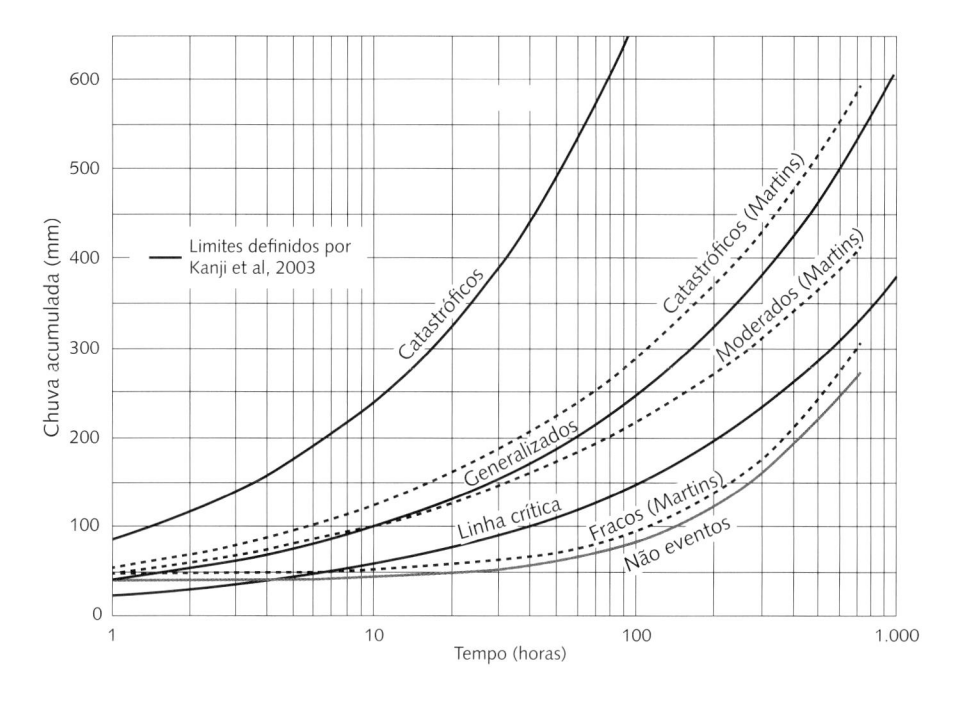

Fig. 4.3 *Gráfico de chuvas acumuladas com o tempo, elaborado por Martins (2014) com as curvas de Kanji, Massad e Cruz (2003), que apontaram o caso de Caraguatatuba em 1967*

4.3 Chuvas ao longo do tempo, segundo registros oficiais

Na sequência, apresentam-se análises de dados pluviométricos do município de Caraguatatuba em dois períodos distintos:

a) de 1958 a 1968, com ênfase no *debris flow* de 1967;
b) de 1944-2020, para obter, por comparação, um *insight* sobre as perspectivas futuras.

4.3.1 Período de 1958 a 1968

Frangipani e Campos (1974) apresentaram uma análise de dados pluviométricos do período compreendido entre 1958 e 1968, sintetizada a seguir. Essa análise foi feita com base em registros do posto E2-046 do Departamento de Águas e Energia Elétrica (DAEE), situado na região de Caraguatatuba. O objetivo era estabelecer um provável relacionamento entre a distribuição de chuvas e os escorregamentos ocorridos em março de 1967, que geraram *debris flows* catastróficos em várias vertentes de Caraguatatuba.

Segundo esses autores, tais escorregamentos verificaram-se no dia 19 de março, quando houve chuva de 240,8 mm. Constataram contradição entre relatos da época, de que as chuvas teriam se prolongado de forma contínua por três dias, e os registros existentes, que indicaram não haver chovido no dia 18. De acordo com notícias de jornal, um morador do local, portanto, testemunha do ocorrido, afirmou que teria chovido 16 horas sem parar antes dos escorregamentos, os quais teriam ocorrido por volta das 19h30. Dessa forma, os autores concluíram que não existe um registro exato do tempo de precipitação.

A Tab. 4.1 apresenta os índices pluviométricos dos três primeiros meses do ano de 1967.

Tab. 4.1 Precipitações acumuladas nos primeiros meses de 1967

Janeiro	292,8 mm
Fevereiro	270,8 mm
Março	544,2 mm
Total	1.107,9 mm

Fonte: Frangipani e Campos (1974).

Como no ano de 1967 a chuva acumulada foi de 2.141,2 mm, Frangipani e Campos (1974) constataram que pouco mais da metade desse total, cerca de 52%, ocorreu nos três meses iniciais. Esse porcentual foi superado somente no ano de 1961, com 57%, sem que tivessem sido registrados escorregamentos. Tal fato ilustra bem a complexidade do fenômeno dos *debris flows*.

Os autores conjecturaram que, no estudo do fenômeno catastrófico, assume grande importância o comportamento pluviométrico do período imediatamente anterior. Isso conduziu a uma apreciação do número de dias de chuvas para os meses de janeiro, fevereiro e março de cada ano, os quais estão transcritos na Tab 4.2. Nota-se que os valores relativos ao ano de 1967 diferem daqueles indicados por Cruz (1974).

Tab. 4.2 Números de dias de chuvas nos meses de janeiro, fevereiro e março de 1958 até 1968

Ano/mês	1958	1959	1960	1961	1962	1963	1964	1965	1966	1967	1968
Janeiro	11	18	20	18	20	19	17	21	20	28	23
Fevereiro	8	17	27	18	21	16	18	21	16	20	17
Março	15	22	15	20	16	15	13	17	20	25	16
Total	34	57	62	56	57	50	48	59	56	73	56

Fonte: Frangipani e Campos (1974).

No ano de 1967, o total de dias chuvosos foi 73. Como depois do dia 19 de março ocorreram ainda oito dias de chuvas, os autores concluíram que antes dos escorregamentos o total de dias chuvosos foi de 73 – 8 = 65.

Essas informações de Frangipani e Campos (1974) estão em consonância com o histograma apresentado na Fig. 4.4, elaborado com base em dados do DAEE (s.d.). Através da análise desse histograma, pode-se até concordar com afirmação de Costa Nunes et al. (1979) de que eventos como o de 1967 em Caraguatatuba foram causados por uma *"violent erosion"*, um verdadeiro *"hidraulicking"* (desmonte hidráulico) de encostas serranas, conforme expressão usada por Costa Nunes (1971).

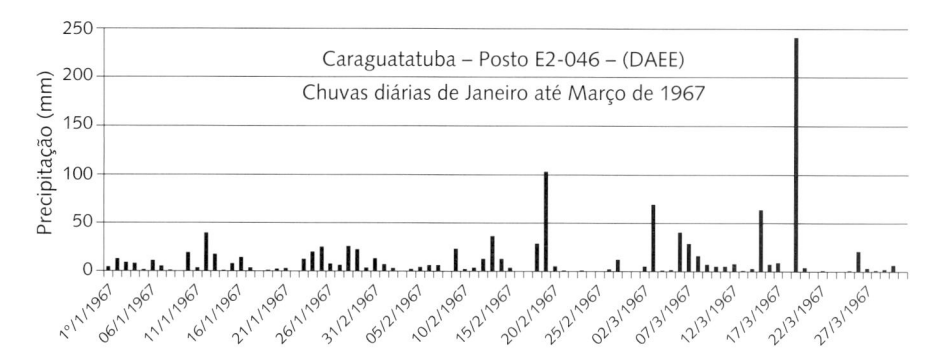

Fig. 4.4 *Precipitações diárias referentes aos meses de janeiro, fevereiro e março de 1967*
Fonte: DAEE (s.d.).

É interessante reproduzir o *insight* de Jones (1973) sobre a intensidade das chuvas no evento na Serra das Araras (RJ), ocorrido em 22 e 23 de janeiro de 1967, cerca de dois meses antes de Caraguatatuba:

> *On the night of January 22 and 23, 1967, a landslide disaster of unbelievable magnitude struck the Serra das Araras region of Brazil. Beginning at about 11:00 p.m., an electrical storm and cloudburst of 3,5 hours duration laid waste by landslides and fierce erosion a greater land mass than any ever recorded in geological literature. [...] Thunderbolts from the lightning and the collapse of the hills shook the region like an earthquake. Landslides numbering in the tens of thousands turned the green vegetation-covered hills into wastelands and the valleys into seas of mud [...]. Mud and Debris Flows [...] occurred by the hundreds in the Serra das Araras region during the 1967 rains. During the storm, the rainfall recorded at these gages was as follows: Fazenda da Rosa, 275 mm; Ipe Acampamento, 225 mm; and the Lajes Creek dam, 218 mm. Between 30 and 50 minutes after the beginning of the storm, the Lajes Creek dam station recorded intensities varying from 100 to 114 mm per hour.*

Em tradução livre:

> Nas noites de 22 e 23 de janeiro de 1967, um desastre natural de magnitude inacreditável atingiu a região da Serra das Araras (RJ). A partir de 23h, uma tempestade com raios e trovões de 3,5 horas de duração provocou deslizamentos de terra e intensos processos erosivos, com movimento de massas maior do que qualquer outro jamais

registrado na literatura geológica. [...] Relâmpagos e o colapso das montanhas abalaram a região como um terremoto. Dezenas de milhares de deslizamentos de terra transformaram as encostas verdes cobertas de vegetação em terrenos baldios e os vales em mares de lama [...]. Centenas de fluxos de lama e de detritos [...] ocorreram na região da Serra das Araras durante as chuvas de 1967. Durante a tempestade, as chuvas registradas foram as seguintes: Fazenda da Rosa, 275 mm; Acampamento Ipê, 225 mm; e Represa do Riacho das Lajes, 218 mm. Entre 30 e 50 minutos após o início da tempestade, a estação meteorológica da barragem do Riacho das Lajes registrou intensidades de chuva variando de 100 a 114 mm por hora.

4.3.2 Período de 1944 a 2020

Para abrir o horizonte sobre perspectivas futuras, resolveu-se ampliar o período de análise de chuvas em Caraguatatuba, estendendo-o de 1944 até 2020. Foram utilizados dados do DAEE no período de 1944 até 2012 e do Centro Nacional de Monitoramento e Alertas de Desastres Naturais (Cemaden, s.d.) de 2014 a 2020, apresentados nas Figs. 4.5 e 4.6, que confirmam as precipitações indicadas por Frangipani e Campos (1974). Nos gráficos das leituras, podem-se observar alguns meses sem registros.

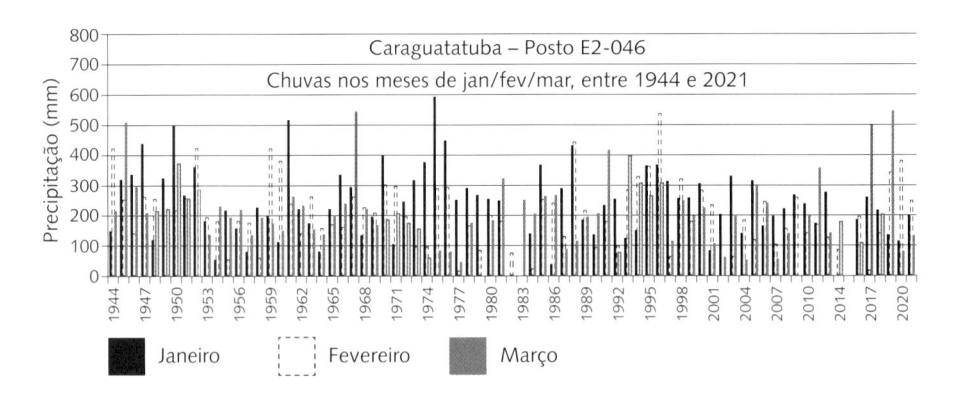

Fig. 4.5 *Histograma de precipitações com dados reunidos de duas fontes: DAEE (de 1944 a 2012) e Cemaden (de 2014 a 2020)*

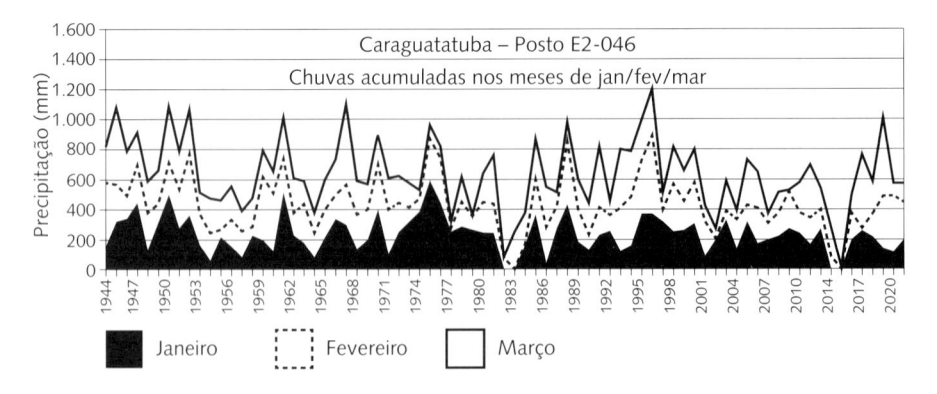

Fig. 4.6 *Precipitações acumuladas extraídas dos registros do DAEE (de 1944 a 2012) e do Cemaden (de 2014 a 2020)*

É interessante notar nos gráficos que em janeiro de 1975 choveu mais que em janeiro de 1967, e que as chuvas nos três primeiros meses de 1996 superaram as correspondentes de 1967, reforçando a complexidade do fenômeno dos *debris flows*.

No histograma da Fig. 4.7A, nota-se que no período de 2000-2020 as chuvas máximas mensais foram bem menores do que no período de 1943-2000. As médias mensais nesses dois períodos foram semelhantes, como mostra o histograma da Fig. 4.7B.

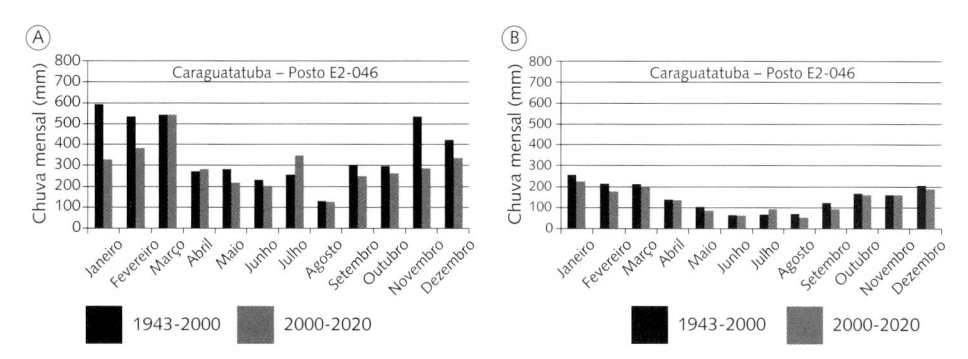

Fig. 4.7 *Histogramas de dois períodos de observação (1943 a 2000) e (2000 a 2020): (A) máximas mensais e (B) médias mensais*

Nos dois últimos histogramas (Fig. 4.8), em que a comparação é entre os períodos 1958-1968 (o mesmo do trabalho de Frangipani e Campos, 1974) e 2000-2020, chega-se às mesmas conclusões quanto às máximas e médias mensais.

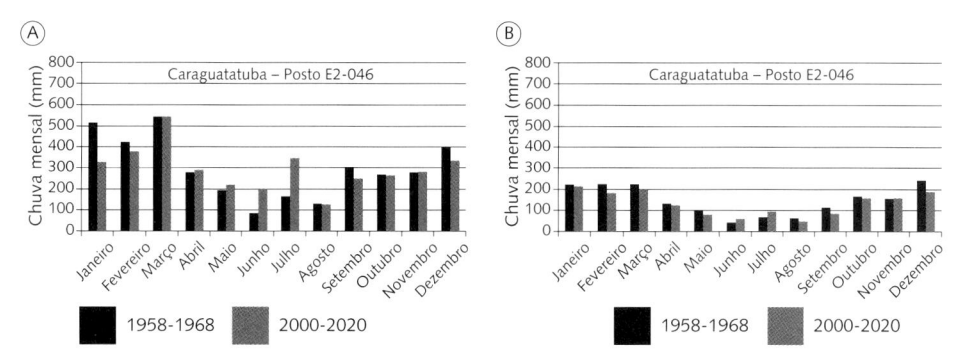

Fig. 4.8 *Histogramas de dois períodos de observação (1958 a 1968) e (2000 a 2020): (A) máximas mensais e (B) médias mensais*

Em síntese, o fenômeno de *debris flow*, como se sabe, é complexo. Seria necessário dispor de registros de chuvas horárias para se ter uma clareza maior sobre a sua formação, entre outros inúmeros fatores predisponentes.

4.4 Conclusões

O clima e, em particular, as precipitações pluviométricas por si sós não conseguem explicar fenômenos como o de Caraguatatuba, apesar de terem uma influência determinante no evento que, no caso dessa região, está diretamente associado à questão orográfica. Para uma melhor compreensão dos seus fatores predisponentes, é necessária a integração de conhecimentos de várias ciências, como a atmosférica, geológica, geotécnica, geográfica, botânica, entre outras.

As correlações entre as precipitações, acumuladas ou diárias, e a geração de escorregamentos e corridas de detritos têm base puramente empírica e, por isso, devem ser constantemente revisadas. No entanto, elas estão se revelando de grande utilidade. Em uma dessas correlações, de uso corrente entre nós, o caso de Caraguatatuba consta como "evento extremo", justamente por causa dos elevados índices pluviométricos da época correlacionados com outros fatores de impacto. Além disso, a coleta em tempo real dos dados pluviométricos pode auxiliar na previsão de eventos catastróficos, pois envolve indicadores observáveis ou passíveis de serem medidos com antecipação. Nesse sentido, é possível a emissão de avisos de alerta visando a proteção da população que habita áreas de risco geológico.

Uma compilação de dados pluviométricos na região de Caraguatatuba, por meio de histogramas de precipitação, permitiu uma análise do panorama das condições meteorológicas que antecederam a catástrofe de 1967 e uma avaliação dessas chuvas nos últimos 80 anos. Em particular, confirmou-se que no dia 19 de março de 1967 ocorreu uma chuva de 240,8 mm, e que nos três primeiros meses daquele ano a precipitação pluviométrica atingiu 52% do total anual. Notou-se também que, no período de 1958-1968, que engloba o ano da catástrofe de Caraguatatuba, as chuvas máximas mensais foram bem maiores do que no período mais recente, de 2000-2020. As médias mensais nesses dois períodos foram semelhantes.

Referências bibliográficas

AYOADE, J. O. *Introdução à climatologia para os trópicos*. Tradução: Maria Juraci dos Santos. 10 ed. Rio de Janeiro: Bertrand Brasil, 2004.

CEMADEN – CENTRO NACIONAL DE MONITORAMENTO E ALERTAS DE DESASTRES NATURAIS. *Dados pluviométricos das estações do Cemaden*. Cemaden, [s.d.]. Disponível em: <www.cemaden.gov.br>.

COSTA NUNES, A. J. Landslide in soils of decomposed rock due to intense rainstorms. In: 7th INTERNATIONAL CONFERENCE OF SOIL MECHANICS AND FOUNDATION ENGINEERING, 1971, v. 2, Mexico. *Proceedings...* 1971. p. 547-554, 1971.

COSTA NUNES, A. J.; COUTO, C.; FONSECA, A. M. M.; HUNT, R. R. Landslides of Brazil. In: VOIGHT, B. (Ed.). *Rockslides and Avalanches*. Volume 2: Engineering Sites. New York: Elsevier, 1979. p. 419-446.

CRUZ, O. A Serra do Mar e o litoral na área de Caraguatatuba: contribuição à geomorfologia litorânea tropical. 1974. 181 p. Tese (Doutorado em Geografia Física) – Faculdade de Filosofia, Letras e Ciências Humanas, Universidade de São Paulo, 1974.

DAEE – DEPARTAMENTO DE ÁGUAS E ENERGIA ELÉTRICA. *Portal do Departamento de Águas e Energia Elétrica*. DAEE, [s.d.]. Disponível em: <http://www.daee.sp.gov.br/>.

FRANGIPANI, A.; CAMPOS, J. de O. *Análise de dados pluviométricos da região de Caraguatatuba*. São Paulo: CESP, 1974. (Relatório nº 7.685 para a CESP.)

GUIDICINI, G.; IWASA, O. Y. *Ensaio de correlação entre pluviosidade e escorregamentos em meio tropical úmido*. São Paulo: IPT, 1976. 48 p. (Publicação IPT nº 1.080.)

GUIDICINI, G.; IWASA, O. Y. Tentative correlation between rainfall and landslides in a humid tropical environment. *Bulletin of the International Association of Engineering Geology*, Krefeld, n. 16, p. 13-20, 1977.

GUIDICINI, G.; NIEBLE, C. M. *Estabilidade de Taludes Naturais e de Escavação*. São Paulo: Editora da USP, 1984. 216 p.

IPT – INSTITUTO DE PESQUISAS TECNOLÓGICAS DO ESTADO DE SÃO PAULO. *Programa Serra do Mar*: Carta Geotécnica da Serra do Mar nas Folhas de Santos e Riacho Grande. SCT. São Paulo: IPT, 1988. (Relatório nº 26.504/88.)

IPT – INSTITUTO DE PESQUISAS TECNOLÓGICAS DO ESTADO DE SÃO PAULO. *The study on the disaster prevention and restoration project in Serra do Mar, Cubatão, S. Paulo*. São Paulo: IPT, 1990. (Relatório nº 28.404/90.)

JONES, F. O. Landslides of Rio de Janeiro and Serra das Araras escarpment, Brazil. *US Geol. Surv.*, Prof. Paper 697, 42 p., 1973.

KANJI, M. A.; MASSAD, F.; CRUZ, P. T. Debris flows in areas of residual soils: occurrence and characteristics. In: INTERNATIONAL WORKSHOP ON OCCURRENCE AND MECHANISM OF FLOWS IN NATURAL SLOPES AND EARTHFILLS, 2003. p. 1-11.

MARTINS, T. M. *Pluviometria crítica de escorregamentos na cidade do Rio de Janeiro*: comparação entre regiões e períodos. 2014. 160 p. Dissertação (Mestrado) – Instituto Alberto Luiz Coimbra de Pós-Graduação e Pesquisa de Engenharia (COPPE), Universidade Federal do Rio de Janeiro (UFRJ), Rio de Janeiro, 2014.

MILANESE, M. A. *Avaliação do efeito orográfico na pluviometria de vertentes opostas na Ilha de Sebastião (Ilhabela, SP)*. 2007. Dissertação (Mestrado) – Faculdade de Filosofia, Letras e Ciências Humanas, Universidade de São Paulo, São Paulo, 2007.

OGURA, A. T. Relato oral feito por ocasião das vistorias técnicas às bacias hidrográficas dos Rios Camburu e Pau D'Alho. Santa Catarina, 2006.

SANT'ANNA NETO, J. L. A climatologia geográfica no Brasil: origem e contexto histórico. In: AMORIM, M. C. C.; SANT'ANNA NETO, J. L.; MONTEIRO, A. M. (Org.). *Climatologia urbana e regional*: questões teóricas e estudos de caso. São Paulo: Outras Expressões, 2013. p. 11-73.

SANT'ANNA NETO, J. L. *Ritmo climático e a gênese das chuvas na zona costeira paulista*. 1990. Dissertação (Mestrado) – Faculdade de Filosofia, Letras e Ciências Humanas, Universidade de São Paulo, São Paulo, 1990.

SANTOS, D. D.; GALVANI, E. Caracterização sazonal das precipitações no município de Caraguatatuba – SP, entre os anos de 1943 e 2004. *Revista Geonorte*, Edição especial 2, v. 1, n. 5, p. 1196-1203, 2012.

SANTOS, D. D.; GALVANI, E. Distribuição sazonal e horária das precipitações em Caraguatatuba-SP e a ocorrência de eventos extremos nos anos de 2007 a 2011. *Ciência e Natura*, Revista do Centro de Ciências Naturais e Exatas – UFSM, Santa Maria, v. 36, n. 2, p. 214-229, maio-ago. 2014.

SILVA, A. C.; SANT'ANNA NETO, J. L.; TOMMASELLI, J. T. G.; TAVARES, R. Caracterização das chuvas no litoral norte paulista. *Cosmos*, Presidente Prudente, v. 3, n. 5, p. 39-48, 2005.

TATIZANA, C.; OGURA, A. T.; CERRI, L. E. S.; ROCHA, M. C. M. Análise da correlação entre chuvas e escorregamentos – Serra do Mar, município de Cubatão. In: CONGRESSO BRASILEIRO DE GEOLOGIA DE ENGENHARIA, 5., 1987, São Paulo. *Anais...* v. 2. São Paulo: ABGE, 1987a. p. 225-236.

TATIZANA, C.; OGURA, A. T.; CERRI, L. E. S.; ROCHA, M. C. M. Modelamento numérico da análise de correlação entre chuvas e escorregamentos aplicado às encostas da Serra do Mar no município de Cubatão. In: CONGRESSO BRASILEIRO DE GEOLOGIA DE ENGENHARIA, 5, 1987, São Paulo. *Anais...* v. 2. São Paulo: ABGE, 1987b. p. 237-248.

TAVARES, R. Clima, tempo e desastres. In: TOMINAGA, L. K.; SANTORO, J.; AMARAL, R. (Org.). *Desastres naturais*: conhecer para prevenir. 3 ed. São Paulo: Instituto Geológico, 2015. p. 112-147.

WOLLE, C. M. Poluição e escorregamentos: causa e efeito na Serra do Mar, em Cubatão, SP. In: CONGRESSO BRASILEIRO DE MECÂNICA DOS SOLOS E ENGENHARIA DE FUNDAÇÕES, 8., 1986. *Anais...* São Paulo: ABMS, 1986. p. 178-190.

Parâmetros dos *debris flows* de 1967 retroanalisados 5

Faiçal Massad

Parâmetros de *debris flows*, como a velocidade do fluxo, a vazão de pico, a altura da frente de lama, os volumes de sólidos transportados e as forças de impacto, podem ser retroanalisados a partir de dados geológicos e geomorfológicos (gradiente do rio ao longo do talvegue, área de bacia, altitude das cabeceiras etc.), climáticos, hidrológicos (vazão centenária de cheias) e geotécnicos (porosidade dos solos das encostas e d_{50} do material sólido).

Para tanto, inicia-se com uma análise dos registros históricos de três das vertentes atingidas pelos *debris flows* de 1967: as vertentes de Casa Alta, Santo Antônio e Caxeta. Em seguida, detém-se na vertente do Rio Santo Antônio, que dispõe de uma quantidade maior de dados, alguns deles obtidos recentemente, e era a mais povoada da região: o Rio Santo Antônio atravessa a cidade de Caraguatatuba. Finalmente, a análise se faz completa com a vertente do Guaxinduba, que também dispõe de alguns dados empíricos.

5.1 Alguns registros dos *debris flows* de 1967

Em março de 1967, os mantos de solos e blocos de rocha que cobriam os morros da Serra do Mar, no município de Caraguatatuba, escorregaram pelas encostas, arrastando árvores e material pedregoso existente ao longo das vertentes, vindo a se depositar a quilômetros de distância, na costa litorânea próximo a essa cidade. Oficialmente, como foi destacado no Cap. 1, cerca 436 pessoas morreram e outras milhares ficaram desabrigadas. O fenômeno, um dos mais expressivos movimentos de massa registrados no mundo, atingiu os Vales de Casa Alta, do Rio Santo Antônio e da linha Caxeta.

Foram registradas precipitações de 585 mm/48h nos postos pluviométricos de Caraguatatuba, assim distribuídos: 260 mm no dia 17 de março de 1967 e 325 mm no dia seguinte (IPT, 1990). No posto pluviométrico da Fazenda Serramar ou dos Ingleses, no Morro Jaraguazinho, o índice foi maior: mais de 420 mm só no dia 18 de março de 1967 (Cruz, 1974; Gramani, 2001).

Fulfaro et al. (1976) mapearam as cicatrizes dos escorregamentos ocorridos em 1967 (Fig. 5.1) e estimaram as quantidades de material escorregado das encostas (V_{ESC}), indicadas na Tab. 5.1, a saber: 2.400.000 m³, 4.200.000 m³ e 9.800.000 m³ para os Vales de Casa Alta, do Rio Santo Antônio e da Caxeta, respectivamente. O procedimento adotado por esses autores foi estimar os "vazios" deixados nas encostas, com base em mapa de distribuição dos escorregamentos e de levantamentos de campo. Foram contados mais de 760 pontos de escorregamentos (Gramani, 2001).

Com base nesse mapeamento de Fulfaro et al. (1976), Dias (2019) estimou as áreas escorregadas (A_e), que constam na Tab. 5.1. Valores das espessuras médias dos escorregamentos (e) foram estimados a partir da relação $e = V_{ESC}/(A_e \cdot A)$, resultando nos seguintes valores para as vertentes de Casa Alta, do Rio Santo Antônio e da Caxeta, respectivamente:

$$e = \frac{2.400.000}{9,6\% \times 12 \times 10^6} \cong 2,10 \text{ m} \qquad (5.1a)$$

$$e = \frac{4.200.000}{4,3\% \times 35 \times 10^6} \cong 2,80 \text{ m} \qquad (5.1b)$$

$$e = \frac{9.800.000}{3,9\% \times 93 \times 10^6} \cong 2,71 \text{ m} \qquad (5.1c)$$

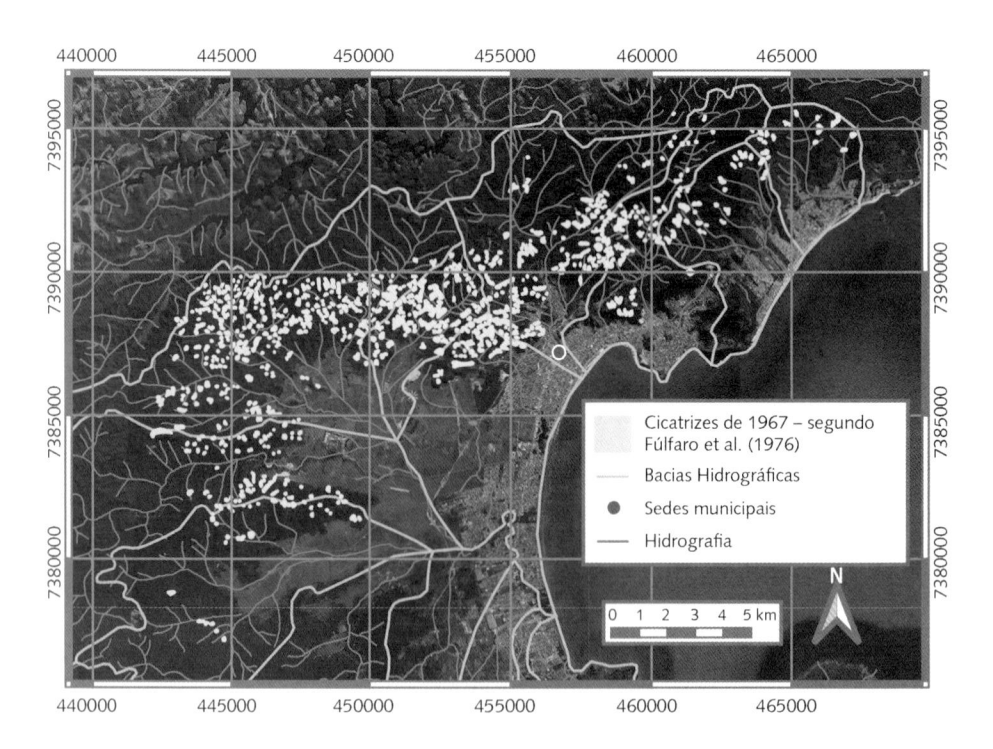

Fig. 5.1 *Cicatrizes dos escorregamentos de 1967 mapeados por Fulfaro et al. (1976)*

Tab. 5.1 Informações gerais sobre as vertentes analisadas por Fulfaro et al. (1976)

Vertente	V_{ESC} (m³)	A (km²)	A_{ESC} (km²)	A_e (%)	e (m)	V_T (m³)	I_1^*
Casa Alta	2.400.000	12	1,15	9,6%	2,1	2.880.000	120
Santo Antônio	4.200.000	35	1,50	4,3%	2,8	5.040.000	72
Caxeta	9.800.000	93	3,62	3,9%	2,7	11.760.000	63

V_{ESC} = volume de solo escorregado (Fulfaro et al., 1976).
A = área da bacia hidrográfica.
A_{ESC} e A_e = área escorregada em km² e em %, respectivamente (Dias, 2019).
V_T = volume total do *debris flow* (sólidos + água).
I_1 = precipitação uma hora antes do evento.
* Valores retroanalisados.

Note-se que essas espessuras médias (e) estão acima do valor 1 m atribuído por Wolle et al. (1989) às regiões da Serra do Mar na Baixada Santista, mas consistentes com informações contidas no Cap. 3 e no artigo de Gomes et al. (2008) para a região de Caraguatatuba.

5.2 Estimativas das precipitações pluviométricas uma hora antes do evento

No que segue, será admitida uma porosidade média (η) de 40% do solo das encostas e uma concentração de sólidos do *debris flow* (c) igual a 50% em volume, a ser justificada mais adiante. Isso posto, podem-se estimar os valores apresentados na Eq. 5.2 para os volumes totais (V_T) dos *debris flows* nos Vales de Casa Alta, Rio Santo Antônio e Caxeta, respectivamente. Essas cifras também estão lançadas na Tab. 5.1.

$$V_T = (1 - 0,4) \times \frac{2.400.000}{0,5} \cong 2.880.000 \text{ m}^3 \tag{5.2a}$$

$$V_T = (1 - 0,4) \times \frac{4.200.000}{0,5} \cong 5.040.000 \text{ m}^3 \tag{5.2b}$$

$$V_T = (1 - 0,4) \times \frac{9.800.000}{0,5} \cong 11.760.000 \text{ m}^3 \tag{5.2c}$$

Finalmente, fez-se uma retroanálise para determinar I_1 com base na expressão de Massad (2002), disposta na Eq. 5.3:

$$V_T = \frac{1.000}{(1-c)} \cdot A \cdot I_1 \tag{5.3}$$

com A em km² e I_1 em mm/h.

Essa equação leva aos seguintes valores de I_1 (precipitação uma hora antes do evento) para os três vales, na ordem citada anteriormente:

$$I_1 = \frac{2.880.000 \times (1 - 0,5)}{1.000 \times 12} \equiv 120 \text{ mm} \qquad (5.4a)$$

$$I_1 = \frac{5.040.000 \times (1 - 0,5)}{1.000 \times 35} \equiv 72 \text{ mm} \qquad (5.4b)$$

$$I_1 = \frac{11.760.000 \times (1 - 0,5)}{1.000 \times 93} \equiv 63 \text{ mm} \qquad (5.4c)$$

A última coluna da Tab. 5.1 reúne os resultados obtidos. Infelizmente, não há como confirmar os valores de I_1, pois não se dispõe de registros horários de chuvas nessas vertentes no mês de março de 1967. Jones (1973) e Costa Nunes et al. (1979) fazem menção a cifras de 100 a 114 mm/h para evento similar ocorrido na Serra das Araras (RJ), em janeiro de 1967.

5.3 Vertente do Rio Santo Antônio

Para o caso da vertente do Rio Santo Antônio, a confirmação da precipitação pode ser feita de forma indireta pela retroanálise do fluxo de detritos. Isto é, admite-se I_1 = 72 mm/h e fazem-se cálculos do volume total transportado e da altura da lâmina do fluxo, que são confrontados com valores medidos ou observados.

Para validar a retroanálise, foram utilizados os valores de volume total do *debris flow* (água e sólidos) apresentados na Tab. 5.1 para a vertente do Rio Santo Antônio e as informações sobre alturas da lâmina do fluxo em duas seções transversais de referência, colhidas de testemunhos de sobreviventes da tragédia de 1967 durante vistoria feita nos dias 9 e 10 de outubro de 2018 (ver relato do Sr. Otávio Bento, no Anexo A3). Além dessas duas seções, foi escolhida uma terceira, todas situadas ao longo do perfil longitudinal do rio indicado na Fig. 5.2.

Reportando-se à Fig. 5.3, as seções de referência correspondem:

a) À casa de Otávio Bento, o cortador de pedras (cantareiro), testemunha ocular do evento de 1967. Na época, tinha 22 anos e morava na encosta esquerda do Rio Santo Antônio, próximo da sua casa atual. Conta que desmontou um bloco de 75 m³ e que a altura da lama do fluxo chegou a cerca de 6 m na região onde residia.

b) À linha da transposição do Rio Santo Antônio pelo traçado dos Contornos de Caraguatatuba-São Sebastião (Nova Tamoios).

c) À linha que passa pela Santa Casa de Caraguatatuba, onde, segundo registros históricos, a altura da lama foi de cerca de 1,5 m (ver Anexo A3).

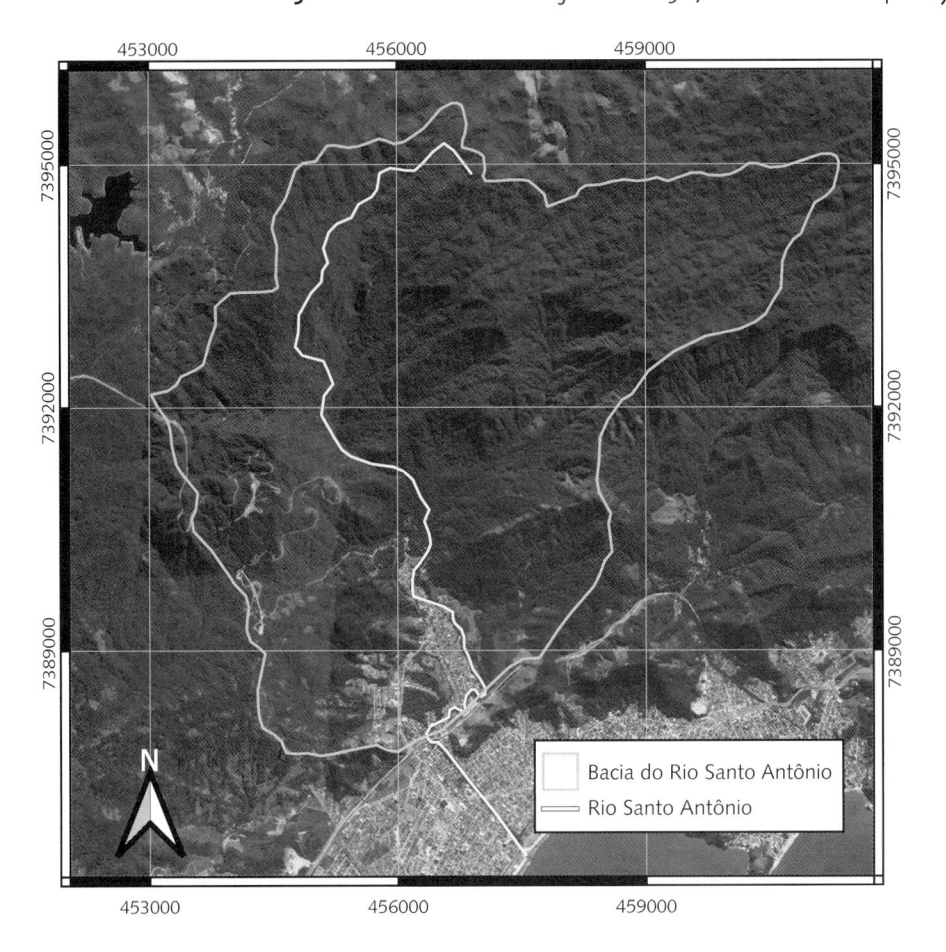

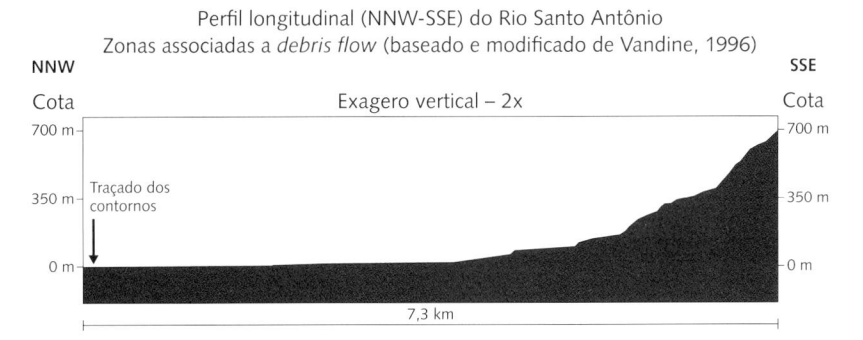

5 Parâmetros dos *debris flows* de 1967 retroanalisados | 107

Perfil longitudinal (NNW-SSE) do Rio Santo Antônio
Zonas associadas a *debris flow* (baseado e modificado de Vandine, 1996)

Zona de corridas de detritos (Vandine, 1996)	Deposição final < 10°	Deposição parcial 10° a 15°	Transporte e erosão 15° a 25°	Iniciação ou geração do processo > 25°
Inclinação média do terreno	1°	5°	13°	24°

Fig. 5.2 *Perfil longitudinal até a transposição do Rio Santo Antônio pela Nova Tamoios*

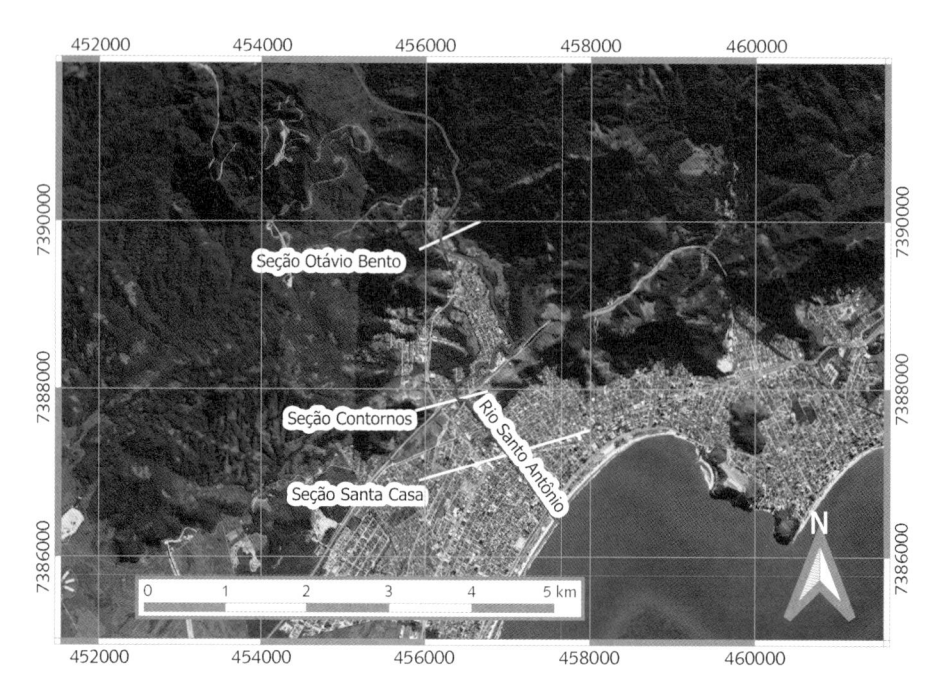

Fig. 5.3 *Mapa mostrando as três seções de referência na vertente do Rio Santo Antônio*
Fonte: Google Earth.

5.3.1 Estimativas de parâmetros do *debris flow* de 1967

Para realizar a retroanálise, foram feitas inicialmente estimativas de alguns parâmetros do *debris flow* no Vale do Rio Santo Antônio, a saber:

a) a velocidade média (U);
b) a concentração de sólidos (c);
c) a vazão de pico (q_T);
d) o volume total de sedimentos (sólidos) transportado (V_s).

Cruz e Massad (1997) e Massad et al. (1997) fizeram uma proposta para definir esses parâmetros em bases racionais.

Velocidade média (U) nas seções de referência

As velocidades médias (U) foram estimadas através de expressão de Rickenmann (1991), mostrada na Eq. 5.5.

$$U = 1{,}3 \cdot \operatorname{sen}^{0{,}2}(\theta_1) \cdot q_0^{0{,}6} \cdot \frac{g^{0{,}2}}{d_{50}^{0{,}4}} \tag{5.5}$$

em que:
θ_1 = inclinação média do canal;
g = aceleração da gravidade;

d_{50} = diâmetro médio dos grãos;
q_0 = vazão só de água, devido a cheias, por unidade de largura (b) do canal.

Observe que a velocidade U independe de h, altura da frente de avanço do *debris flow*. Para o canal em pauta, adotou-se: $\theta_1 \approx 7°$, média das inclinações da Fig. 5.2, e d_{50} da ordem de 10 mm (ver a Tab. 5.2).

As larguras médias do canal (b), nas seções de referência Otávio Bento e Nova Tamoios, foram determinadas por tentativas, conforme ilustrado nas Figs. 5.4 a 5.7, da forma explicada mais adiante. Para a seção da Santa Casa, o valor b = 2.000 m foi adotado. Para a seção Nova Tamoios, a vazão centenária de pico de cheias (Q_0) foi fixada em 263 m³/s (Dourado, 2021), o que implica dizer que Q_0/A = 7,5, proporcionalidade mantida para as outras duas seções. O valor de A refere-se à área da bacia até a correspondente seção de referência.

Feitos os cálculos, chegou-se aos valores de U indicados na Tab. 5.2. Há registros de altas velocidades de *debris flows* pelo mundo na faixa de 5 a 30 m/s, muito superior à da água em condições semelhantes.

Tab. 5.2 Velocidade do *debris flow* (U)

Seção de referência	θ_1	d_{50} (mm)	b (m)	Q_0 (m³/s)	q_0 (m³/s/m)	U (m/s)
Otávio Bento	7	10	78	240	3,08	16,7
Nova Tamoios	7	10	225	263	1,17	9,3
Santa Casa	7	10	2.000	293	0,15	2,7

Concentração de sólidos (c)

A concentração de sólidos (c) por unidade de volume pode ser estimada pela Eq. 5.6, de Takahashi (1991, 2007):

$$c = \gamma_0 \cdot \frac{\operatorname{tg}(\theta_2)}{(\delta - \gamma_0) \cdot [\operatorname{tg}(\varphi) - \operatorname{tg}(\theta_2)]} \qquad (5.6)$$

em que:
γ_0 = massa específica da lama (água e "finos");
δ = massa específica dos grãos;
φ = ângulo de atrito do material pedregoso.

O ângulo θ_2 refere-se ao trecho mais íngreme, onde o *debris flow* se forma, através de escorregamentos, erosão das margens ao longo das drenagens e remobilização do material do seu leito. Essa equação é válida para $10° < \theta_2 < 20°$; no presente caso, tem-se $\theta_2 > 24°$. Como $\theta_2 > 20°$, Takahashi (2007) e o NILIM (2007) recomendam adotar a cifra $c \cong 54\%$. No presente caso, adotou-se c = 50%.

Vazões de pico dos debris flows (q_T) nas seções de referência

A vazão de pico (q_T) pode ser estimada de duas formas: a primeira, através da expressão proposta por Massad et al. (1997), mostrada na Eq. 5.7, e a segunda, pela expressão modificada de Araya Moya (ver Massad et al., 1997), exposta na Eq. 5.8.

$$q_T = \frac{2}{(1-c)} \cdot A \cdot I_1 \tag{5.7}$$

$$q_T = 1,4 \cdot \frac{1}{(1-c)} \cdot 0,85 \cdot A \cdot I_1 \frac{H^{0,19}}{L^{0,58}} \tag{5.8}$$

Nessas duas expressões, c é a concentração de sólidos, em volume; A, a área da bacia, em km²; I_1, a intensidade de chuvas acumulada na hora anterior ao evento, em mm/h; H, o desnível máximo, em m; e L, a extensão do rio, em km, até a seção de referência. Para o presente caso, adotou-se I_1 = 72 mm/h, (Eq. 5.4b).

Feitos os cálculos, chegou-se aos valores de q_T da Tab. 5.3. Adotou-se para q_T o valor médio entre (2) e (3). O valor de h foi calculado pela Eq. 5.9, e, juntamente com a geometria das seções transversais Otávio Bento e Nova Tamoios, possibilitou obter o valor de b, como está indicado nas Figs. 5.4 a 5.7.

$$h = \frac{q_T}{U \cdot b} \tag{5.9}$$

Volumes dos sedimentos transportados (V_s)

Tab. 5.3 Vazão de pico (q_T) e altura da lâmina frontal (h) do *debris flow*

Seção de referência	U (m/s)	b (m)	A (km²)	H[1] (m)	L[1] (km)	I_1 (mm/h)	q_T[2] (m³/s)	q_T[3] (m³/s)	q_T adotado (m³/s)	h (m)
Otávio Bento	16,7	78	32	971	9,75	72	9.216	5.408	7.312	5,6
Nova Tamoios	9,3	225	35	991	11,25	72	10.080	5.465	7.772	3,7
Santa Casa	2,7	2.000	39	993	12,00	72	11.232	5.868	8.550	1,6

[1] Valores estimados.
[2] Fórmula de Massad et al. (1997) (Eq. 5.7).
[3] Fórmula modificada de Araya Moya (Eq. 5.8).

O volume total de sedimentos trazidos pelos *debris flows* pode ser avaliado através da análise dos materiais passíveis de serem transportados. Basicamente, e em potencial, são três os materiais-fonte de sedimentos dos *debris flows*:

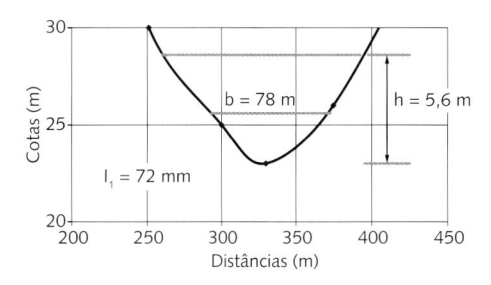

Fig. 5.4 Seção transversal pela casa de Otávio Bento

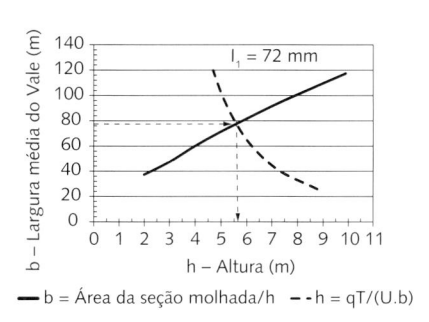

Fig. 5.5 Definição da altura da lama (h) (casa de Otávio Bento)

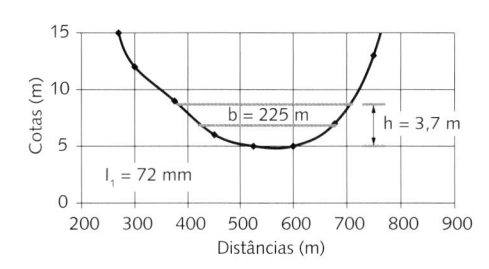

Fig. 5.6 Seção da transposição do Rio Santo Antônio pela Nova Tamoios

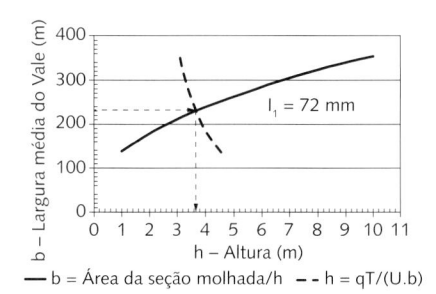

Fig. 5.7 Definição da altura da lama (h) (Nova Tamoios)

a) os solos das encostas, passíveis de escorregamentos;
b) os materiais pedregosos e arenosos (remobilizáveis) do leito;
c) os materiais das margens (erodíveis) dos rios e córregos que formam as vertentes.

A experiência japonesa (IPT, 1990) aponta para a seguinte relação entre volume de sólidos (V_S) e área da bacia (A):

$$\frac{V_S}{A} = 30.000 \text{ a } 85.000 \text{ m}^3/\text{km}^2 \tag{5.10}$$

Aplicada às seções de referência, tal relação resultou nos valores indicados na segunda coluna da Tab. 5.4, para cada seção.

Tab. 5.4 Volumes dos sólidos (V_S), em m³, para a Bacia do Rio Santo Antônio

Seção de referência	Eq. 5.10	Eq. 5.11b	Eq. 5.13	Média
Otávio Bento	1.800.000	2.300.000	1.800.000	2.000.000
Nova Tamoios	2.000.000	2.500.000	1.900.000	2.200.000
Santa Casa	2.200.000	2.800.000	2.100.000	2.400.000

Uma segunda forma de estimar V_s e A_e é apresentada na Eq. 5.11 (Massad, 2002):

$$A_e = \frac{c}{1-c} \cdot \frac{I_1' \cdot (1-p)}{e \cdot (1-\eta)} \quad \text{(5.11a)}$$

$$V_s = \frac{c}{1-c} \cdot I_1' \cdot A' \quad \text{(5.11b)}$$

em que:
A_e = área escorregada, em %, em relação à área total A', em m²;
I'_1 = valor de I_1 em m/h;
e = espessura média dos escorregamentos, em m;
η = porosidade média do solo das encostas;
p = porcentagem de material remobilizado dos leitos ou erodido das margens, em relação ao volume total de sólidos (V_s).

Adotando-se os valores de e = 2,8 m e η = 40%, indicados na Tab. 5.1, desprezando o valor de p frente às dimensões da bacia hidrográfica e considerando c = 50%, chega-se, pela Eq. 5.11a, a $A_e \cong 4{,}3\%$, o que confirma a cifra indicada na Tab. 5.1. Ademais, usando a Eq. 5.11b, encontram-se os valores indicados na terceira coluna da Tab. 5.4 para cada seção de referência.

Há ainda uma terceira forma de estimar os volumes dos sedimentos (V_s): com o recurso de correlação empírica entre o volume total (V_T) e a vazão de pico dos *debris flows* (q_T), de autoria de Takahashi (1991) (ver também NILIM, 2007), que pode ser escrita conforme a Eq. 5.12:

$$V_T = 500 \, q_T \quad \text{(5.12)}$$

Então:

$$V_s = 500 \cdot q_T \cdot c \quad \text{(5.13)}$$

A dispersão dessa correlação é grande, por influência de fatores como a forma do "debrisgrama", ou seja, a variação da vazão do *debris flow* ao longo do tempo, as condições do canal e outras características do fluxo (Takahashi, 1991). Por isso, as Eqs. 5.12 e 5.13 devem ser usadas com cautela e em confronto com outras estimativas. Aplicando-se a Eq. 5.13 às três seções de referência, chega-se aos valores de V_s mostrados na quarta coluna da Tab. 5.4.

Com base nesses resultados, é de se esperar um volume da ordem de 2.200.000 m³ (média das três cifras indicadas na última coluna da Tab. 5.4) de sedimentos (V_s) transportados por um *debris flow* associado a chuva de 72 mm/h, e um volume total (V_T) (sólidos + água) de ~4.400.000 m³, cerca de 13% abaixo do valor obtido anteriormente com dados empíricos de Fulfaro et al. (1976) sobre as quantidades de material escorregado das encostas (ver a Eq. 5.2b).

5.3.2 Síntese dos resultados obtidos para a Bacia do Rio Santo Antônio

Os resultados obtidos pelos cálculos estão listados na Tab. 5.5, juntamente com valores inferidos das medições feitas por Fulfaro et al. (1976) e de observações sobre altura da lama colhidas em campo em 2018.

Tab. 5.5 Síntese dos resultados obtidos para a Bacia do Rio Santo Antônio após *debris flow* de 1967

Item	Valores calculados	Valores inferidos de medições
Volume de sedimentos (sólidos)	2.200.000 m³	2.520.000 m³[*]
Volume total do *debris flow* (água + sólidos)	4.400.000 m³	5.040.000 m³[*]
Altura da lâmina frontal na seção de referência casa de Otávio Bento	5,6 m	~6 m[**]
Altura da lâmina frontal na seção de referência Nova Tamoios	3,7 m	
Altura da lâmina frontal na seção de referência Santa Casa	1,6 m	~1,5 m[**]

[*] Dados empíricos de Fulfaro et al. (1976) sobre as quantidades de material escorregado das encostas (ver a Eq. 5.2b).
[**] Observações colhidas em campo.

Conclui-se, pois, que há uma boa aderência entre os valores calculados e os inferidos de medições ou colhidos no campo, validando as análises feitas e, em particular, o valor assumido de I_1 = 72 mm/h para a vertente do Rio Santo Antônio.

5.4 Vertente do Rio Guaxinduba

No caso da Bacia do Rio Guaxinduba, só se dispõe de dois dados empíricos. O primeiro refere-se à informação verbal de algumas testemunhas do evento de 1967, de que a lama atingiu cerca de 5 m de altura na seção transversal ao rio, que passa pela escola na Estrada do Cantagalo (ver relatos do Sr. Orlando Antônio Natali e do Sr. Pedro João Abreu Vieira de Almeida no Anexo A3). O segundo diz respeito à estimativa de área escorregada (A_e) em porcentagem da área total, feita com base no mapa de cicatrizes do desastre de 1967, reproduzido na Fig. 5.1. Dias (2019) chegou a estimar uma área escorregada de 727.934 m², ou A_e = 727.934/A = 5,7%, em que A é a área da bacia do Guaxinduba, estimada em 12,7 km².

Apresentam-se a seguir resultados de análises do *debris flow* de 1967 feitas segundo o procedimento apresentado para a Vertente do Rio Santo Antônio.

A Fig. 5.8 mostra o perfil longitudinal ao longo do Rio Guaxinduba, e a Fig. 5.9, a seção transversal de referência, que passa pela escola na Estrada do Cantagalo.

114 | *Debris flow* na Serra do Mar

Os cálculos foram feitos com base nessa seção de referência e nos dados da bacia hidrográfica do Rio Guaxinduba. O valor da precipitação pluviométrica na hora que antecedeu o evento (I_1) foi variado parametricamente entre 90 e 170 mm/h.

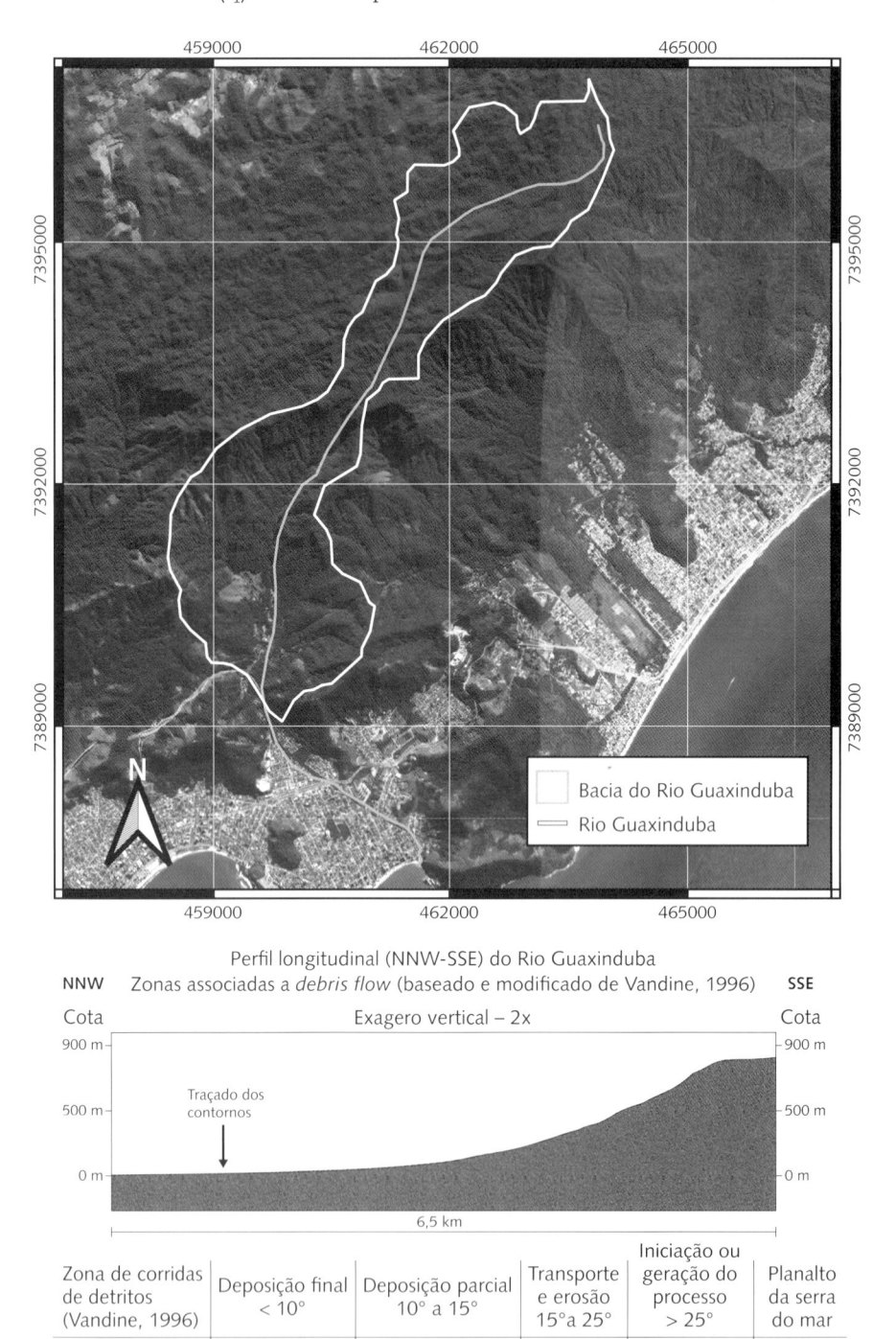

Zona de corridas de detritos (Vandine, 1996)	Deposição final < 10°	Deposição parcial 10° a 15°	Transporte e erosão 15° a 25°	Iniciação ou geração do processo > 25°	Planalto da serra do mar
Inclinação média do terreno	1°	6°	12°	18°	

Fig. 5.8 *Perfil longitudinal até a transposição do Rio Guaxinduba pela Nova Tamoios*

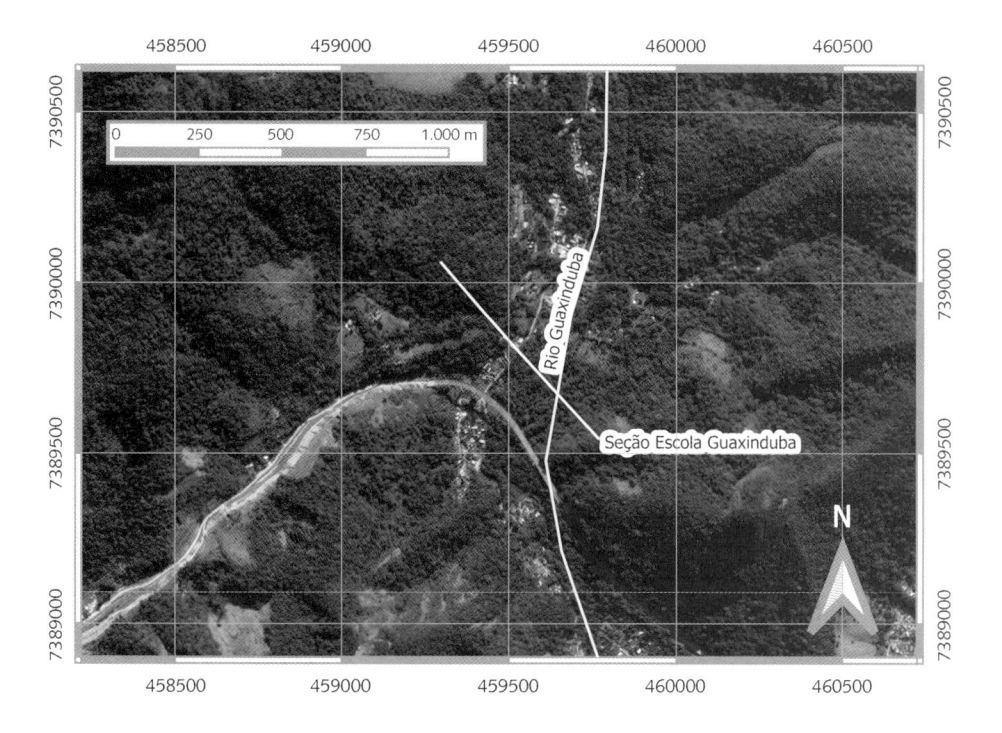

Fig. 5.9 *Mapa mostrando a seção de referência estudada*
Fonte: Google Earth.

5.4.1 Estimativa de parâmetros do *debris flow* de 1967
Velocidade (U) na seção de referência

A Tab. 5.6 apresenta estimativas de U usando a Eq. 5.5. Adotou-se o valor de 156 m³/s para a vazão centenária de cheias de água (Q_0) (Dourado, 2021). Para cada valor de I_1, foram determinadas por tentativas as larguras médias do canal (b) na seção de referência, da forma explicada na seção anterior.

Tab. 5.6 Velocidade do *debris flow* (U) na seção de referência

Valor de I_1 (mm/h)	θ_1	d_{50} (mm)	b (m)	Q_0 (m³/s)	q_0 (m³/s/m)	U (m/s)
90	8	10	90	156	1,73	12,1
110	8	10	100	156	1,56	11,4
130	8	10	107	156	1,46	10,9
150	8	10	117	156	1,33	10,4
170	8	10	125	156	1,25	10,0

θ_1 = inclinação média do canal.
d_{50} = diâmetro médio dos grãos.
$q_0 = Q_0/b$.

Vazão de pico (q_T) dos debris flows e das alturas da lama

As vazões de pico (q_T) estão apresentadas na Tab. 5.7. Elas foram estimadas da mesma forma indicada para a Vertente do Rio Santo Antônio (Eqs. 5.7 e 5.8), com c = 50%. Nessa tabela, o valor de h foi calculado pela Eq. 5.9, que, junto com a geometria da seção transversal de referência, possibilitou obter o valor de b, como indicado nas Figs. 5.10 a 5.19 e nas Tabs. 5.6 e 5.7.

Tab. 5.7 Vazão de pico (q_T) e altura da lâmina frontal (h) do *debris flow*

Valor de I_1 (mm/h)	U (m/s)	b (m)	A (km²)	H[1] (m)	L[1] (km)	q_T[2] (m³/s)	q_T[3] (m³/s)	q_T adotado (m³/s)	h (m)
90	12,1	90	12,7	750	4,8	4.400	3.700	4.050	3,7
110	11,4	100	12,7	750	4,8	5.400	4.500	4.950	4,3
130	10,9	107	12,7	750	4,8	6.300	5.300	5.800	5,0
150	10,4	117	12,7	750	4,8	7.300	6.200	6.750	5,6
170	10,0	125	12,7	750	4,8	8.300	7.000	7.650	6,1

[1] Estimados com base no software Google Earth.
[2] Fórmula de Massad et al. (1997) (Eq. 5.7).
[3] Fórmula modificada de Araya Moya (Eq. 5.8).

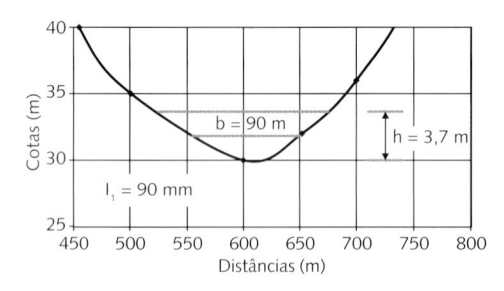

Fig. 5.10 Seção transversal pela escola no Vale do Guaxinduba (I_1 = 90 mm)

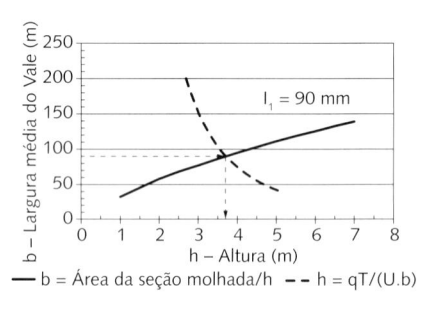

Fig. 5.11 Definição da altura da lama (h) (escola)

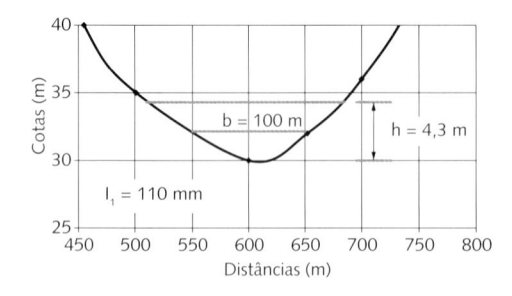

Fig. 5.12 Seção transversal pela escola no Vale do Guaxinduba (I_1 = 110 mm)

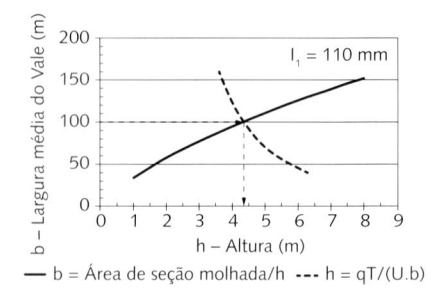

Fig. 5.13 Definição da altura da lama (h) (escola)

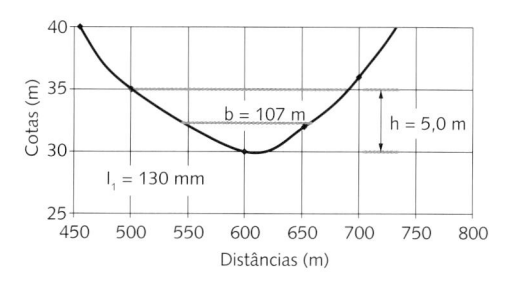

5 Parâmetros dos *debris flows* de 1967 retroanalisados | 117

Fig. 5.14 *Seção transversal pela escola no Vale do Guaxinduba (I_1 = 130 mm)*

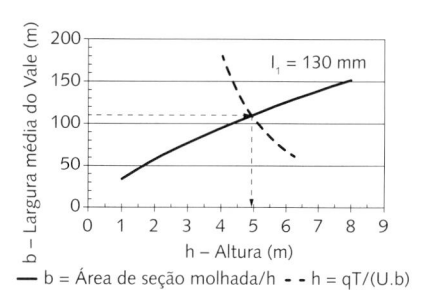

Fig. 5.15 *Definição da altura da lama (h) (escola)*

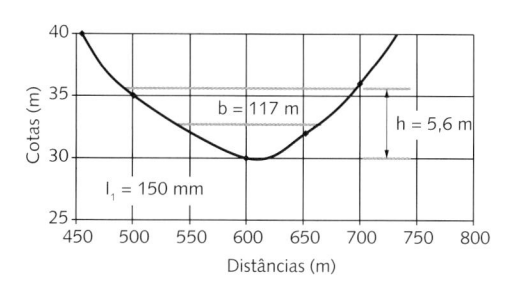

Fig. 5.16 *Seção transversal pela escola no Vale do Guaxinduba (I_1 = 150 mm)*

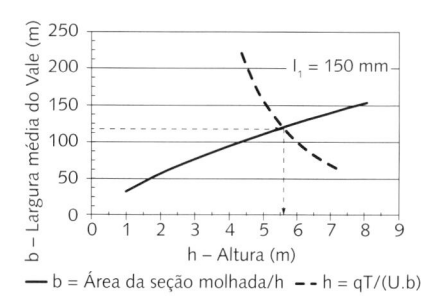

Fig. 5.17 *Definição da altura da lama (h) (escola)*

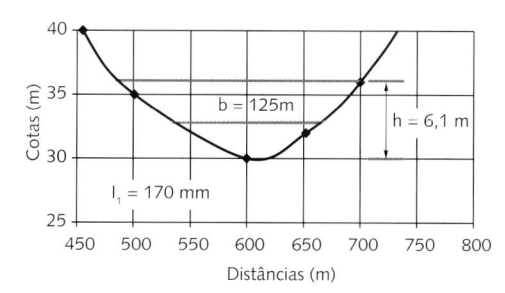

Fig. 5.18 *Seção transversal pela escola no Vale do Guaxinduba (I_1 = 170 mm)*

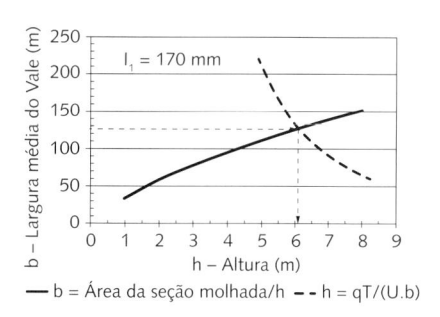

Fig. 5.19 *Definição da altura da lama (h) (escola)*

Volume de sólidos (V_S), total (V_T) e escorregado (V_{ESC})

O volume de sólidos (V_S) foi avaliado pelas Eqs. 5.10, 5.11b e 5.13. Dessa avaliação, resultaram os valores indicados na Tab. 5.8, para cada valor de I_1 adotado nas análises. A última coluna dessa tabela fornece o valor médio de V_S.

Tab. 5.8 Volumes dos sólidos (V_S), em m³, para a Bacia do Rio Guaxinduba

Valor de I_1 (mm/h)	Eq. 5.10	Eq. 5.11b	Eq. 5.13	Média
90	730.000	1.100.000	1.000.000	960.000
110	730.000	1.400.000	1.200.000	1.100.000
130	730.000	1.600.000	1.500.000	1.300.000
150	730.000	1.900.000	1.700.000	1.400.000
170	730.000	2.200.000	1.900.000	1.600.000

Já a Tab. 5.9 apresenta, associados a cada I_1, valores de:
a) volumes totais ($V_T = V_s/c$) do *debris flow*, com c = 0,5;
b) volumes escorregados ($V_{ESC} = V_s/(1 - \eta)$), com η = 40%.

Tab. 5.9 Volumes V_T e V_{ESC} e valores de e para o Vale do Guaxinduba

Valor de I_1 (mm/h)	V_T (m³)	V_{ESC} (m³)	e (m)
90	1.920.000	1.600.000	2,2
110	2.240.000	1.866.000	2,6
130	2.550.000	2.125.000	2,9
150	2.880.000	2.400.000	3,3
170	3.200.000	2.666.000	3,7

Espessura média (e) dos escorregamentos

Usando o valor de A_e obtido com base nos dados de Dias (2019), ou seja, A_e = 5,7%, foi possível estimar as espessuras médias dos escorregamentos (e = $V_{ESC}/(A_e \cdot A)$), apresentadas na quarta coluna da Tab. 5.9. Observa-se que os valores variam de 2,2 m a 3,7 m.

Tab. 5.10 Síntese dos resultados mais relevantes de área escorregada (A_e) e altura da lama (h)

Valor de I_1 (mm/h)	h (m)	A_e (%)
90	3,7	5,5
110	4,3	5,6
130	5,0	6,0
150	5,6	6,1
170	6,1	6,1

Altura da lama (h) na seção de referência

A Tab. 5.10 mostra valores da área escorregada (A_e), em % da área total, e da altura da lama (h) para diversos valores de I_1. Os valores de A_e foram obtidos pela Eq. 5.11a supondo: (a) espessuras médias dos escorregamentos indicados na Tab. 5.9, e (b) p = 15%. As Figs. 5.20 e 5.21 apresentam esses mesmos resultados em forma gráfica.

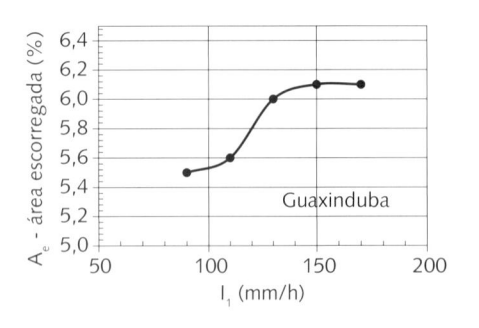

Fig. 5.20 *Área escorregada (A_e) por I_1*

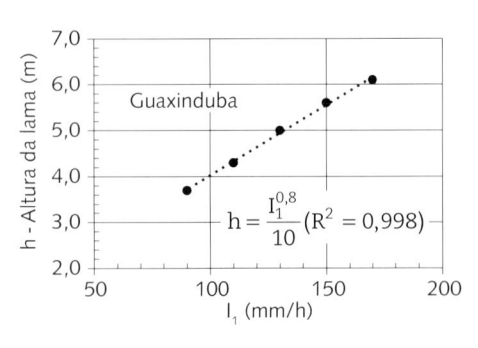

Fig. 5.21 *Altura da lama (h) por I_1*

$$h = \frac{I_1^{0,8}}{10} \quad (R^2 = 0,998)$$

5.4.2 Retroanálise do valor de I_1 e síntese dos resultados sobre a Vertente do Guaxinduba

Entrando com o valor de A_e = 5,7% na Fig. 5.20, extrai-se $I_1 \cong$ 125 mm. A partir da fórmula contida na Fig. 5.21, chega-se a h = 4,8 m, valor próximo da informação verbal sobre a altura da lama junto à escola, cerca de 5 m. Finalmente, o valor de V_T resultou em 2.480.000 m³, similar ao valor associado a I_1 = 130 mm, como indicado na Tab. 5.9.

A Tab. 5.11 resume as informações gerais dos casos analisados, com a inclusão da Vertente do Rio Guaxinduba.

Tab. 5.11 Informações gerais sobre os casos analisados, com a inclusão da Vertente do Rio Guaxinduba

Vertente	V_{ESC} (m³)	A (km²)	A_{ESC} (km²)	A_e (%)	e (m)*	V_T (m³)*	I_1*
Casa Alta	2.400.000	12	1,15	9,6%	2,1	2.880.000	120
Santo Antônio	4.200.000	35	1,50	4,3%	2,8	5.040.000	72
Caxeta	9.800.000	93	3,62	3,9%	2,7	11.760.000	63
Guaxinduba	2.065.000	13	0,73	5,7%	2,80	2.480.000	125

V_{ESC} = volume de solo escorregado (Fulfaro et al., 1976).
A = área da bacia hidrográfica.
A_{ESC} e A_e = área escorregada em km² e em %, respectivamente (Dias, 2019).
VT = volume total do *debris flow* (sólidos + água).
I_1 = precipitação uma hora antes do evento.
* Valores retroanalisados.

5.5 Notas sobre a incidência de madeira flutuante (*driftwood*) nas vertentes analisadas

5.5.1 Importância da consideração da incidência de madeira flutuante em *debris flow*

Durante a ocorrência de *debris flow*, é comum o arraste de árvores e arbustos nos cursos d'água. Em rios mais íngremes com pedregulhos, as árvores são rapidamente desfolhadas, fragmentadas e reduzidas em seu tamanho durante o transporte. No Anexo A3, encontra-se entrevista com o Sr. Orlando Antônio Natali, testemunha ocular do evento de 1967, que observou, num local no Vale do Rio Guaxinduba, "que os troncos amontoados não tinham folhas e nem galhos finos, e estavam totalmente sem a casca".

Em zonas mais baixas de uma bacia hidrográfica, a madeira flutuante é frequentemente bloqueada, reduzindo a passagem de água e diminuindo a capacidade de descarga, podendo até propiciar:

a) a formação de "barragens temporárias", rompidas com estrondos e provocando mais danos a jusante, inclusive vítimas fatais e prejuízos a propriedades;

b) sua retenção junto a pontes, podendo levar essas estruturas ao colapso;

c) a colmatação de sistemas de drenagem, inclusive de vertedores de reservatórios, causando o extravasamento de água com lama, como ocorreu em 1994 na refinaria da Petrobras em Cubatão (SP), com a paralisação de suas atividades por 15 dias (Massad et al., 2000).

Daí a importância de uma avaliação das características desse fenômeno, como dimensões dos troncos, seu volume, mesmo que este seja relativamente pequeno, e das medidas a serem tomadas ao longo dos cursos de água. Será mostrado na sequência que o volume de madeira flutuante é, em geral, pequeno perante o volume total de *debris flows* de grande intensidade.

5.5.2 Experiência suíça na estimativa de volumes de madeira transportados

Assim como a vazão de pico e o volume de sólidos (V_s) de um *debris flow*, o volume de madeira flutuante (V_{MAD}) pode ser estimado, numa primeira aproximação, com base na área da bacia hidrográfica (A). Segundo Pfister, Schleiss e Tullis (2013), em 1997 Rickenmann propôs a expressão mostrada na Eq. 5.14.

$$V_{MAD} = 45A^{0,67} \tag{5.14}$$

O volume de madeira flutuante pode variar significativamente, a depender das espécies nativas, do terreno e do clima. Outros autores suíços propuseram expressões diferentes como envoltórias máximas de casos reais, tais como as Eqs. 5.15 e 5.16.

$$V_{MAD} = 500A^{0,67} \quad \left(\text{para } A > 1 \text{ km}^2\right) \tag{5.15}$$

$$V_{MAD} = 1.000A \quad \left(\text{para } A < 1 \text{ km}^2\right) \tag{5.16}$$

Posteriormente, foram feitas novas investigações de campo em função da maior cheia observada na Suíça até 2005, conforme Steeb et al. (2016); tais pesquisas confirmaram que a Eq. 5.15 corresponde a uma envoltória máxima.

5.5.3 Porcentuais da incidência de madeira flutuante (*driftwood*) com base na área da bacia

A partir das Eqs. 5.15 e 5.16, chega-se aos porcentuais de incidência de madeiras flutuantes (V_{MAD}) em relação ao volume total de sólidos (V_s), indicados na Tab. 5.12. Observa-se que são cifras pequenas, tanto maiores quanto menor a área da bacia hidrográfica (A).

Tab. 5.12 Porcentuais de incidência de madeira com base nas Eqs. 5.10, 5.15 e 5.16

A (km²)	Volumes (m³)		Madeira/detritos	
	$500A^{0,67}$	$1.000A$	$V_s/A = 30.000$	$V_s/A = 85.000$
0,01		10	3,3%	1,2%
0,1		100	3,3%	1,2%
1		1.000	3,3%	1,2%
10	2.339		0,8%	0,3%
100	10.939		0,4%	0,1%
1.000	51.165		0,2%	0,1%
10.000	239.315		0,1%	0,0%

5.5.4 Uso de dados empíricos das vertentes de Casa Alta, Santo Antônio e Caxeta

Nas seções anteriores, foram apresentadas estimativas dos volumes totais (V_T) dos *debris flows* nas vertentes de Casa Alta, Santo Antônio e Caxeta, transcritas na Tab. 5.13.

Nessa tabela, os valores dos volumes de sólidos (V_s) foram calculados supondo concentração de sólidos (c) igual a 50%, conforme a seção 5.3. Na penúltima coluna, encontram-se estimativas da incidência de madeira (V_{MAD}), em %, em relação ao volume total de sólidos (V_s), a partir da Eq. 5.15, pois A > 1 km² nas três vertentes. Observa-se que a incidência é mínima. Na última coluna, indicam-se os volumes de madeira (V_{MAD}) em m³/ha, considerando como área fonte dos fragmentos de troncos o produto ($A_e \cdot A$), ou seja, a área atingida pelos escorregamentos. Steeb et al. (2016) reportaram cifras entre 200 e 500 m³/ha na enchente catastrófica de 2005 na Suíça.

Tab. 5.13 Incidência de madeira (*driftwood*) e volume de madeira nas vertentes analisadas

Local	Vertente	V_T (m³)	V_s (m³)	A (km²)	A_e (%)	Drift-wood (m³) $500A^{0,67}$	Incidência *driftwood* (V_{MAD}/V_s)	Volume de madeira (m³/ha)
Caraguatatuba (SP) Março/1967	Casa Alta	2.880.000	1.440.000	12	9,6%	2.643	0,2%	229
	Santo Antônio	5.040.000	2.520.000	35	4,3%	5.414	0,2%	360
	Caxeta	9.800.000	4.900.000	93	3,9%	10.420	0,2%	287

V_T = volume total do *debris flow* (sólidos + água).
V_s = volume total de sólidos.
A = área da bacia hidrográfica.
A_e = área escorregada em % de A.

Nesse contexto, mencionam-se dados de duas fontes bibliográficas, relativos à Mata Atlântica. Dados apresentados por Encinas, Paula e Conceição (2012) em uma área de Mata Atlântica no Espírito Santo (BR) que, para diâmetro na altura do peito (DAP) de 10 cm a 30 cm, reportaram um volume de madeira de 518 m^3/ha.

Mais interessantes são os dados do estudo de impacto ambiental (Consórcio JGP/Ambiente Brasil Engenharia, 2010) para a duplicação da Rodovia dos Tamoios (SP-099). Esses dados apontam diâmetros (DAP) médios da ordem de 13 cm e densidades de cerca de 180 a 600 m^3/ha, com média da ordem de 400 m^3/ha, sendo as cifras mais baixas associadas a regiões de restingas, e as mais altas, a regiões serranas. As cifras da última coluna da Tab. 5.13 englobam vegetação dessas duas regiões, em face da caraterística de *debris flows* de se iniciar no alto de montanhas e terminar nas planícies litorâneas.

5.6 Conclusões

Através de formulações semiempíricas, foi possível determinar parâmetros dos *debris flows* que atingiram em 1967 as Bacias dos Rios Santo Antônio e Guaxinduba. Entre esses parâmetros, destacam-se: a concentração de sólidos no fluxo, a sua velocidade, a altura da lâmina frontal, os volumes de sedimentos transportados, as vazões de pico e a incidência de madeira flutuante (*driftwood*).

A metodologia adotada foi validada através de retroanálises com parâmetros disponíveis na bibliografia, como volumes de sedimentos transportados e porcentagens de área escorregada, estimados por meio de mapeamentos feitos na década de 1970. Foram feitas inferências sobre as precipitações pluviométricas na hora que antecedeu o evento e as alturas da lâmina do fluxo em alguns locais. Em particular, essas alturas foram confrontadas com dados obtidos nos testemunhos de pessoas que vivenciaram o processo ou mesmo a partir de fotos da época. O volume de madeira flutuante revelou-se ínfimo perante o volume total de sedimentos; nas áreas atingidas pelos escorregamentos, as densidades em m^3/ha foram consistentes com dados disponíveis sobre a Mata Atlântica.

Concluiu-se que houve uma boa aderência entre os valores calculados pelos modelos semiempíricos e os inferidos de medições, registros fotográficos ou colhidos no campo.

Agradecimentos

O autor deste capítulo agradece a colaboração do geólogo Marcos Saito de Paula na preparação de algumas figuras e na pesquisa bibliográfica da biomassa lenhosa da Mata Atlântica na região de Caraguatatuba, e do engenheiro civil e especialista em Hidrologia Daniel Dourado, no fornecimento de valores de vazão centenária de pico de cheias dos Rios Santo Antônio e Guaxinduba.

Referências bibliográficas

CONSÓRCIO JGP/AMBIENTE BRASIL ENGENHARIA. EIA: Estudo de Impacto Ambiental para a Duplicação da Rodovia dos Tamoios (SP-099) no Trecho Serra. Volume IV, seção 9.0. São Paulo: Cetesb, 2010. Disponível em: <https://cetesb.sp.gov.br/licenciamentoambiental/eia-rima/>. Acesso em: 5 ago. 2021.

COSTA NUNES, A. J.; COUTO, C.; FONSECA, A. M. M.; HUNT, R. R. Landslides of Brazil. In: VOIGHT, B. (Ed.). *Rockslides and Avalanches*. Volume 2: Engineering Sites. New York: Elsevier, 1979. p. 419-446.

CRUZ, O. *A Serra do Mar e o Litoral na Serra em Caraguatatuba, SP*: Contribuição à Geomorfologia Litorânea Tropical. 1974. 181 p. Tese (Doutorado em Geografia) – Universidade de São Paulo, 1974.

CRUZ, P. T.; MASSAD, F. *Debris-Flows*: an attempt to define design parameters. In: SYMPOSIUM ON RECENT DEVELOPMENTS IN SOIL AND PAVEMENT MECHANICS, 25-27 June 1997, Rio de Janeiro, Brasil.

DIAS, H. C. *Comunicação pessoal*. 2019.

DOURADO, D. *Comunicação pessoal*. 2021.

ENCINAS, J. I.; PAULA, J. E.; CONCEIÇÃO, C. A. Florística, Volume e Biomassa Lenhosa de um Fragmento de Mata Atlântica no Município de Santa Maria de Jetibá, Espírito Santo. *Floresta*, Curitiba, PR, v. 42, n. 3, p. 565-576, jul./set. 2012.

FULFARO, V. J. et al. Escorregamentos de Caraguatatuba: expressão atual e registro na coluna sedimentar da planície costeira adjacente. In: CONGRESSO BRASILEIRO DE GEOLOGIA DE ENGENHARIA, 1., Rio de Janeiro, 1976. Anais... v. 2. Rio de Janeiro: Associação Brasileira de Geologia de Engenharia, 1976. p. 341-350.

GOMES, C. R.; OGURA, T. O.; GRAMANI, M. F.; CORSI, A. C.; ALAMEDDINE, N. Retroanálise da Corrida de Massa ocorrida no ano de 1967 nas Encostas da Serra do Mar, Vale dos Rios Camburu, Pau D'Alho, e Canivetal, Município de Caraguatatuba, SP. Quantificação Volumétrica dos Sedimentos Depositados nas Planícies de Inundação. In: 12º CBGE – CONGRESSO BRASILEIRO DE GEOLOGIA DE ENGENHARIA E AMBIENTAL, Porto de Galinhas, 2008. 12 p. (CD-ROM).

GRAMANI, F. G. *Caracterização Geológico-Geotécnico das Corridas de Detritos* (Debris Flows) *no Brasil e comparação com alguns casos internacionais*. 2001. 371 p. Dissertação (Mestrado) – Escola Politécnica da Universidade de São Paulo, São Paulo, 2001.

IPT – INSTITUTO DE PESQUISAS TECNOLÓGICAS DO ESTADO DE SÃO PAULO. *The study on the disaster prevention and restoration project in Serra do Mar, Cubatão, S. Paulo*. São Paulo: IPT, 1990. (Relatório nº 28.404/90.)

JONES, F. O. Landslides of Rio de Janeiro and Serra das Araras escapment, Brazil. *US Geol. Surv. Prof.*, Paper 697, 42 p., 1973.

MASSAD, F. Corridas de massas geradas por escorregamentos de terra: relação entre a área deslizada e a intensidade de chuva. In: XII CONGRESSO BRASILEIRO DE MECÂNICA DOS SOLOS E ENGENHARIA GEOTÉNICA, 2002, São Paulo. Anais... São Paulo: ABMS, 2002.

MASSAD, F.; CRUZ, P. T.; KANJI, M. A.; ARAÚJO FILHO, H. A. Characteristics and volume of sediment transported in *debris flows* in Serra do Mar, Cubatão, Brazil. In: INTERNATIONAL WORKSHOP ON THE *DEBRIS FLOW DISASTER OF DECEMBER 1999 IN VENEZUELA*. Caracas, 2000. 12 p.

MASSAD, F.; CRUZ, P. T.; KANJI, M. A.; ARAÚJO FILHO, H. A. Comparison between estimated and measured *debris flow* discharges and volume of sediments. In: SECOND PANAMERICAN SYMPOSIUM ON LANDSLIDES, 1997, Rio de Janeiro. Anais... Rio de Janeiro: ABMS/ABGE/ISSMGE, 1997.

NILIM – NATIONAL INSTITUTE FOR LAND AND INFRASTRUCTURE MANAGEMENT. *Manual for Technical Standards for Establishing Sabo Master Plans for Debris Flows and Driftwood*. Japan: National Institute for Land and Infrastructure Management, March 2007.

PFISTER, M.; SCHLEISS, A. J.; TULLIS, B. P. Effect of driftwood on hydraulic head of Piano Key weirs. In: INTERNATIONAL WORKSHOP OF LABYRINTH AND PIANO KEY WEIRS, PKW, II, 2013. Proceedings... Boca Raton: CRC Press, 2013.

RICKENMANN, D. Hyperconcentrated flow and sediment transport at steep slopes. *Journal of Hydraulic Engineering*, v. 117, n. 11, p. 1419-1439, nov. 1991.

STEEB, N.; RICKENMANN, D.; BADOUX, A.; RICKLI, C.; WALDNER, P. Large wood recruitment processes and transported volumes in Swiss mountain streams during the extreme flood of August 2005. *Geomorphology*, v. 279, 2016.

TAKAHASHI, T. *Debris-flows*. Monograph Series. [S.l.]: Balkema, 1991. 165 p.

TAKAHASHI, T. *Debris flows*. Mechanics, Prediction and Countermeasures. [S.l.]: Taylor & Francis, 2007. 448 p.

WOLLE, C. M.; CARVALHO, C. S. Deslizamentos em encostas na Serra do Mar, Brasil. *Solos e Rochas*, v. 12, p. 27-36, 1989.

Estudos recentes sobre a possibilidade de ocorrência de *debris flow* em projeto de obra viária na região de Caraguatatuba e São Sebastião

6

Márcio Angelieri Cunha
Marcos Saito de Paula
Faiçal Massad

Neste capítulo é apresentada a experiência dos autores adquirida no projeto e execução da Rodovia dos Tamoios (Contornos) de Caraguatatuba e São Sebastião, mais especificamente os estudos realizados sobre a possibilidade de ocorrência de *debris flow* e as consequências para as estruturas que seriam construídas nessa rodovia, como pontes e viadutos. Esse interesse técnico foi incrementado na oportunidade em que o catastrófico evento de março de 1967 estava completando 50 anos.

Tais estudos, fundamentados em dados bibliográficos e de campo, testemunhos de sondagens e ensaios, possibilitaram apresentar considerações, de forma cuidadosa e detalhada, sobre a potencialidade de eventuais novas ocorrências do fenômeno de *debris flow* em quatro cursos d'água importantes que interceptam o traçado da rodovia, além de outros dezesseis cursos d'água de menor dimensão, também interceptados pela rodovia. Os resultados desses estudos ocasionaram revisões, adequações e alterações de traçado da rodovia.

O presente capítulo é uma síntese dos trabalhos efetuados, que foram modificados e complementados e podem ser consultados em Cunha, de Paula e Goulart (2018).

6.1 Aspectos de interesse sobre as obras dos Contornos

O traçado da rodovia, denominada Contornos durante a etapa de construção, é aproximadamente paralelo à linha do litoral. Ao norte, inicia-se na região do bairro Martim de Sá e, seguindo para o sul, contorna a cidade de Caraguatatuba, conectando-se à Rodovia dos Tamoios nas proximidades do Terminal Rodoviário, em seguida contornando a área urbanizada da região do Tinga. O traçado continua pela margem direita do Rio Juqueriquerê até a região da Enseada no município de São Sebastião, quando a serra se aproxima do oceano. A partir desse ponto, a rodovia se desenvolve por meio de túneis e pontes ao longo da encosta da área urbana de São Sebastião, chegando até o Porto, e totaliza cerca de 36 km.

O trecho atravessado por essa rodovia situa-se parte em área montanhosa, constituída por rochas metamórficas (gnaisses e granitoide) do denominado Complexo Costeiro de idade neoproterozoica (final do Pré-Cambriano), e parte atravessa grande extensão de sedimentos quaternários aluvionares e depósitos de tálus, de idade pleistocênica, em terrenos de planície, como já descrito no Cap. 3.

A sua construção foi iniciada em 2014, e os projetos desenvolvidos foram precedidos por detalhados estudos geológico-geotécnicos ao longo e nas áreas adjacentes do traçado da rodovia. Entre esses estudos, destacam-se as avaliações de ocorrência de corridas de detritos (*debris flow*) em diversas bacias hidrográficas que são atravessadas pelo traçado dos Contornos. Tais pesquisas tiveram como objetivo identificar a possibilidade de ocorrência de corrida de detritos que poderia atingir as obras de transposição de drenagens (pontes e viadutos) e comprometer as estruturas de apoio. O fenômeno de *debris flow* ocorre de maneira natural nas encostas serranas, estando associado às condições topográficas, climáticas e geológicas, como foi descrito nos Caps. 2 e 5, sendo sempre deflagrado por episódios de chuvas prolongadas e intensas.

6.2 Condições dos locais com potencial ocorrência de *debris flow* ao longo da Rodovia dos Contornos

Entre os anos de 2014 e 2017, durante os estudos geológico-geotécnicos realizados para a Rodovia dos Contornos de Caraguatatuba e São Sebastião, foram avaliados detalhadamente quatro locais de transposição de córregos e rios que apresentavam maior potencialidade de ocorrência de *debris flow*. Esses pontos de transposições por pontes e viadutos (denominadas no projeto como obras de arte especiais, OAE) estão indicados na Fig. 6.1 e cortam os seguintes cursos d'água:

- Rio Guaxinduba;
- Rio Santo Antônio;
- Córrego São Tomé;
- Ribeirão da Fazenda.

Desses locais, dois situam-se no município de Caraguatatuba (Guaxinduba e Santo Antônio), área de interesse para o presente estudo, onde foram executadas obras de transposição (pontes e viadutos). Os vales dessas duas drenagens foram seriamente atingidos pela catástrofe de 1967, e podem ser observados em fotos aéreas de 1973, escala 1:25.000, em que se notam as dimensões dos impactos causados pelo processo de corrida de detritos (Figs. 6.2 e 6.3).

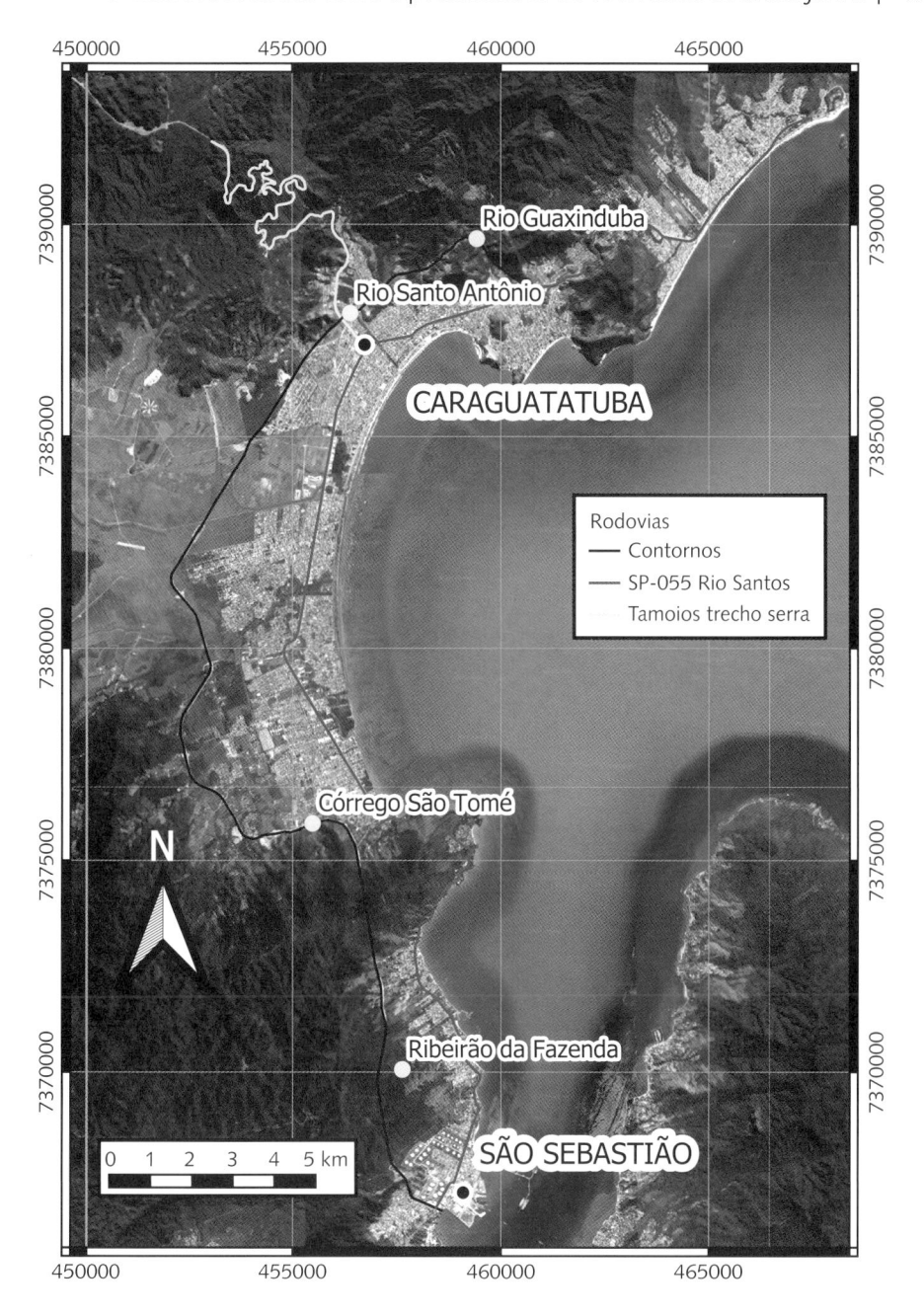

Fig. 6.1 *Localização das áreas onde foram realizados os estudos sobre possibilidade de ocorrência de* debris flow. *O Ribeirão da Fazenda está deslocado devido à alteração do traçado nesse trecho, decorrente, entre outras razões, da possibilidade de corrida de detritos*

No Vale do Rio Guaxinduba (Fig. 6.2), durante a investigação com sondagens mistas ao longo da ponte de transposição, foi observado um horizonte de blocos de rocha em matriz arenosa com espessura da ordem de 2 m a 6 m. É provável que esse material tenha sido depositado em 1967, por ter sido encontrada vegetação em

Fig. 6.2 *Foto aérea de 1973 mostrando o impacto causado pelo evento de 1967 no Vale do Rio Guaxinduba, destacado em amarelo*
Fonte: IBC-Gerca (1971/1973).

decomposição sob esse depósito e pelas declarações de pessoas que vivenciaram a catástrofe (ver Anexo A3). A significativa deposição desses materiais provenientes de escorregamentos ocorridos na Bacia Hidrográfica do Rio Guaxinduba, como mostram as manchas de cor clara que correspondem às áreas afetadas, sugere a associação com o evento de 1967.

Em relação ao Rio Santo Antônio (Fig. 6.3), o levantamento de campo mostrou que a deposição de detritos de maiores dimensões (diâmetro acima de 1 m), ocorrida em 1967, atingiu até as proximidades da entrada do Parque Estadual da Serra do Mar, Núcleo de Caraguatatuba, a cerca de 2,7 km a montante da transposição pela Rodovia dos Contornos. A partir desse ponto, por causa da baixa declividade do rio (< 1°), a granulação dos materiais vai diminuindo. Destaca-se que, a 2 km a montante do local da intersecção da drenagem com o traçado da nova rodovia, foi observada a deposição de blocos de pequenas dimensões no trecho de montante do

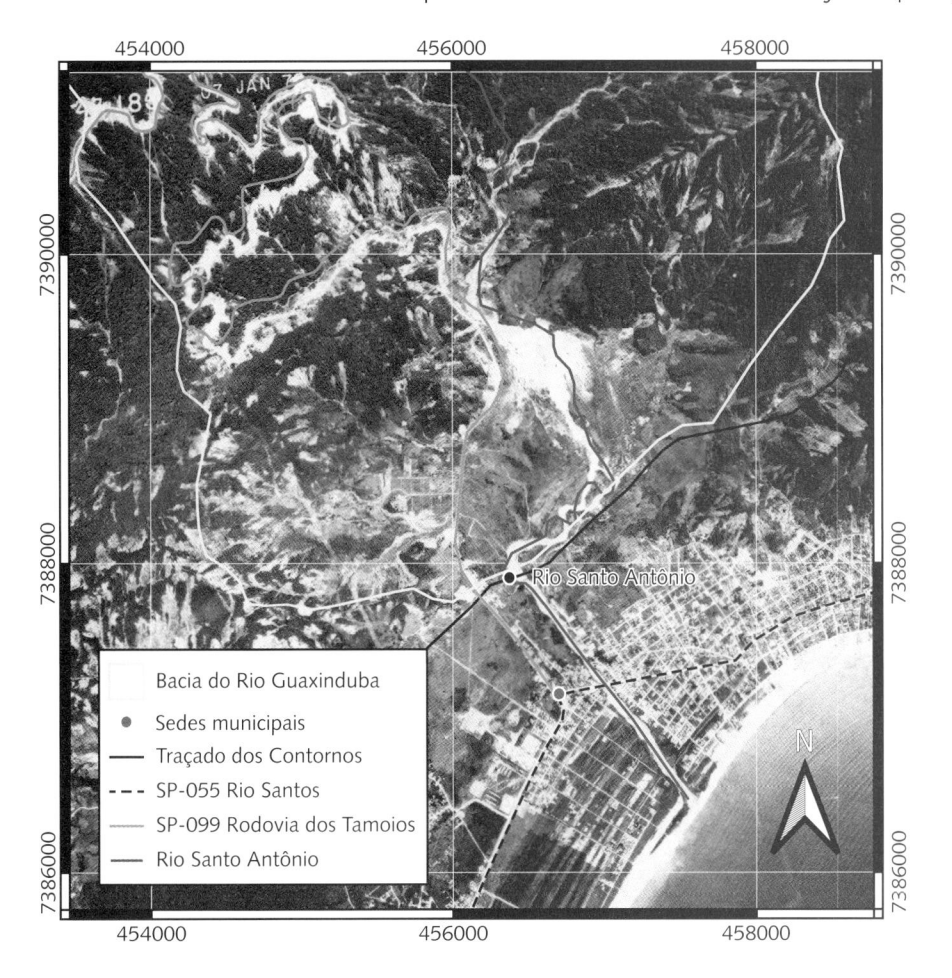

Fig. 6.3 *Foto aérea de 1973 mostrando o impacto da catástrofe de 1967 no Vale do Rio Santo Antônio. Notar os impactos (manchas claras) no vale desse rio, a montante da nova rodovia. A partir desse ponto até a sua foz (oceano), o impacto ocorreu praticamente ao longo da drenagem* Fonte: IBC-Gerca (1971/1973).

leito do rio (ver imagens no Anexo A3). Já sob a transposição da drenagem, trecho com vale mais estreito, há acúmulo de pequenos blocos esparsos e predominância de areia, como descrito anteriormente. Essas deposições podem ser observadas na Fig. 6.3, identificadas pelas manchas brancas.

No local da transposição da rodovia, há o estrangulamento topográfico natural dessa drenagem, e a passagem do material transportado pela corrida se deu pela própria calha do rio e imediações da margem. As investigações por meio de sondagens executadas, bem como as visitas e entrevistas realizadas em 2018, confirmaram esse tipo de acúmulo. Apesar de transcorridas mais de cinco décadas e ocorridas chuvas intensas nesse período, parte do material do leito foi submetido a transporte e lavagem, porém não descaracterizou o modelo deposicional ao longo do leito desse rio. Além de areias acumuladas, especialmente na área da intersecção com a nova rodovia, foram encontradas camadas de argila orgânica (solo mole), indicando que o material predominante nesse ponto, transportado pela corrida de detritos, é de granulação fina.

No estudo efetuado, considerando um novo evento de corrida de detritos que poderia afetar as estruturas da nova rodovia, foram projetados viadutos com distanciamento entre apoios para prever a passagem de grande quantidade de "galharia", que poderia ser transportada e constituir barramentos artificiais, causando esforços horizontais nos apoios da estrutura de transposição.

Além dessas, outras 16 transposições de menor risco também foram avaliadas durante o projeto da rodovia, porém de forma mais simplificada. Em todas as avaliações, foram obtidos resultados fundamentados em metodologias específicas, o que permitiu atingir efetiva conclusão. Todos esses locais ao longo do traçado localizavam-se no pé das encostas da Serra do Mar, em trechos de planície aluvionar ou em posições inferiores dessas encostas.

Para as duas bacias consideradas mais críticas na região de Caraguatatuba (Rios Santo Antônio e Guaxinduba), após conhecidas as condições geológico-geotécnicas dos locais com potencial de ocorrência de *debris flows*, procedeu-se à caracterização hidrográfica dos córregos ou rios a serem transpostos. Foram importantes as informações sobre as nascentes dos córregos ou rios, a forma e extensão de seu trajeto, o encontro com outras drenagens, a forma do canal, se com fundo rochoso ou com blocos de rocha soltos, por exemplo. Além disso, parâmetros como área de drenagem, declividades do leito do córrego ou do rio, zonas de iniciação e deposição de sedimentos e detritos, vazões de pico de cheias, para um período de retorno de cem anos, e regime de chuvas foram fundamentais para definir medidas a serem tomadas para a proteção dos pilares das obras de arte dos Contornos, na eventualidade de outra corrida de detritos.

Na sequência, foram definidas estimativas de parâmetros de projeto de obras de proteção e controle dos *debris flows*, tais como a vazão de pico do *debris flow* (q_T), a sua velocidade média (U), a altura da lâmina do fluxo (h), o volume de sedimentos transportados (V_s) e as forças de impacto contra as estruturas (F). No Cap. 5 foram apresentadas, e comprovadas através de retroanálises, as bases para a determinação desses parâmetros de forma semiempírica, com exceção das forças de impacto (F), que foram estimadas pela Eq. 6.1 (Cruz; Massad, 1997):

$$F = \frac{\alpha \cdot S \cdot \gamma_0 \cdot U^2}{g} \qquad (6.1)$$

em que:
α = coeficiente que pode variar entre 1 e 2;
S = área de impacto;

6 Estudos recentes sobre a possibilidade de ocorrência de *debris flow*...

γ_0 = densidade do *debris flow*;
U = velocidade do *debris flow*;
g = aceleração da gravidade.

Todos esses cálculos foram definidos tomando-se como referência a seção transversal ao córrego, no local da transposição pela rodovia.

Com base nesses parâmetros de projeto, principalmente no que se refere à velocidade, à altura da lâmina da frente de avanço do *debris flow* e às forças de impacto, definiram-se as posições dos pilares, mantendo uma distância segura entre a base dos blocos de apoio, encaixados no maciço das encostas do vale, e o fundo do canal do córrego ou rio. Também foram dimensionadas proteções robustas dos apoios posicionados na calha principal do córrego ou rio.

6.3 Determinação da suscetibilidade de ocorrência de *debris flow*

Os estudos para os locais mais críticos ao processo da corrida de detritos foram realizados adotando-se a metodologia proposta por Kanji et al. (2003), que avaliaram a suscetibilidade de ocorrência de *debris flow* considerando um conjunto de fatores relacionados a condições pluviométricas, morfologia dos terrenos, condições geológicas e formas de uso e ocupação da área. A avaliação de suscetibilidade proposta por esses autores é resultante da ponderação dos fatores apresentados na Tab. 6.1, definidos pelos respectivos pesos, classes, intervalos de valores e graus parciais.

O índice de suscetibilidade (IS) é calculado pela somatória dos graus parciais multiplicados pelo peso de cada um dos fatores, ou seja, IS = Σ (peso × grau parcial); depois, leva-se o resultado ao Quadro 6.1 para classificação da suscetibilidade à ocorrência de *debris flow*. Adotando-se essa metodologia, foi calculado o índice de suscetibilidade (IS) para os locais mencionados anteriormente, resumidamente apresentado na Tab. 6.2.

Tab. 6.1 Parâmetros para a avaliação da suscetibilidade da ocorrência de *debris flow*

Fator	Classe	Peso	Intervalos de valores para o fator	Grau parcial
Chuva (mm/h)	C1	3	> 80	10
	C2		60-80	6,6
	C3		30-60	3,3
	C4		< 30	0
Talude/encosta (graus)	T1	2,5	> 45	10
	T2		30-45	6,6
	T3		15-30	3,3
	T4		< 15	0

Tab. 6.1 (continuação)

Fator	Classe	Peso	Intervalos de valores para o fator	Grau parcial
Declividade do rio (graus)	D1	0,5	> 25	10
	D2		15-25	6,6
	D3		10-15	3,3
	D4		< 10	0
Área da bacia (km²)	A1	1	< 5	10
	A2		5-10	6,6
	A3		10-20	3,3
	A4		> 20	0
Altura dos taludes/ encostas (m)	H1	1	> 750	10
	H2		500-750	6,6
	H3		200-500	3,3
	H4		< 200	0
Uso da terra e cobertura vegetal*	V1	0,5	90-100	10
	V2		50-90	6,6
	V3		30-90	3,3
	V4		< 30	0
Condições geológicas**	G1	1,5	G1	10
	G2		G2	6,6
	G3		G3	3,3
	G4		G4	0

* Área ocupada ou sem vegetação.
** Inclui tipo de solo e rocha, propriedades geotécnicas, estrutura e recorrência.
Fonte: adaptado de Kanji et al. (2003).

Quadro 6.1 Índice de suscetibilidade

Intervalo	Índice de suscetibilidade
80-100	Muito alto
60-80	Alto
40-60	Médio
20-40	Baixo
0-20	Muito baixo

Fonte: Kanji et al. (2003).

Tab. 6.2 Cálculo do índice de suscetibilidade para a ocorrência de *debris flow* na região do projeto dos Contornos de Caraguatatuba e São Sebastião

OAE*	OAE 103 (lote 1)	OAE 201 (lote 2)	OAE 221 (lote 2)	OAE 401 (lote 4)
Fator	Peso × grau parcial (valor ou intervalo de valores adotados para o fator)			
Chuva (mm/h)	3 × 6,6 (60-80 mm/h)	3 × 6,6 (60-80 mm/h)	3 × 6,6 (60-80 mm/h)	3 × 6,6 (60-80 mm/h)
Talude (graus)	2,5 × 6,6 (30-45°)	2,5 × 6,6 (30-45°)	2,5 × 3,3 (15-30°)	2,5 × 6,6 (30-45°)
Declividade do rio (graus)	0,5 × 0,0 (3°)	0,5 × 0,0 (1°)	0,5 × 0,0 (< 10°)	0,5 × 3,3 (10°)
Área da bacia (km²)	1 × 3,3 (12,66 km²)	1 × 0,0 (35,13 km²)	1 × 10 (2,07 km²)	1 × 10 (2,3 km²)
Altura dos taludes (m)	1 × 6,6 (500-750 m)	1 × 6,6 (500-750 m)	1 × 6,6 (500-750 m)	1 × 3,3 (200-500 m)
Uso da terra ou sem cobertura vegetal	0,5 × 0,0 (< 30%)	0,5 × 0,0 (< 30%)	0,5 × 0,0 (< 30%)	0,5 × 0,0 (< 30%)
Condições geológicas	1,5 × 10 (situação mais crítica)	1,5 × 10 (situação mais crítica)	1,5 × 3,3	1,5 × 10 (situação mais crítica)
Índice de suscetibilidade	61,20	57,90	49,60	66,25

*OAE: obra de arte especial (pontes ou viadutos).
Fonte: Cunha, de Paula e Goulart (2018).

Fundamentando-se nos estudos mencionados por Cunha, de Paula e Goulart (2018), foi possível concluir que os vales estudados estão sujeitos à corrida de detritos, estando as obras de arte que fazem as respectivas transposições condicionadas a diferentes riscos que requerem soluções de proteção distintas. Esses autores ainda apresentam conclusões para cada caso, detalhadas a seguir.

6.4 Transposição do Rio Guaxinduba (OAE 103)

Essa obra atravessa uma planície aluvionar (alvéolo) com cerca de 300 m de largura, situada entre as cotas 25 m e 30 m e associada ao Rio Guaxinduba. Atualmente, a área está parcialmente urbanizada com residências.

Nas investigações para as fundações dessa obra de arte, foi encontrada uma camada com espessura de cerca de 3 m de material de origem sedimentar continental (solos e blocos de variadas dimensões), a profundidades entre 2 m e 6 m, provavelmente associado a antigas corridas de detritos. Essa situação é destacada na Fig. 6.4.

Ao longo desse talvegue, a corrida de detritos do evento de 1967 atravessou o local onde se encontra a OAE 103, acumulando material, parte na planície e parte descendo pelo talvegue do rio, em direção ao mar.

Tais fatos associados aos resultados obtidos na análise de suscetibilidade indicaram a adoção de medidas de proteção nos pilares assentados sobre cotas mais inferiores do rio, por onde se prevê a passagem dos materiais em caso de eventual nova corrida de detritos.

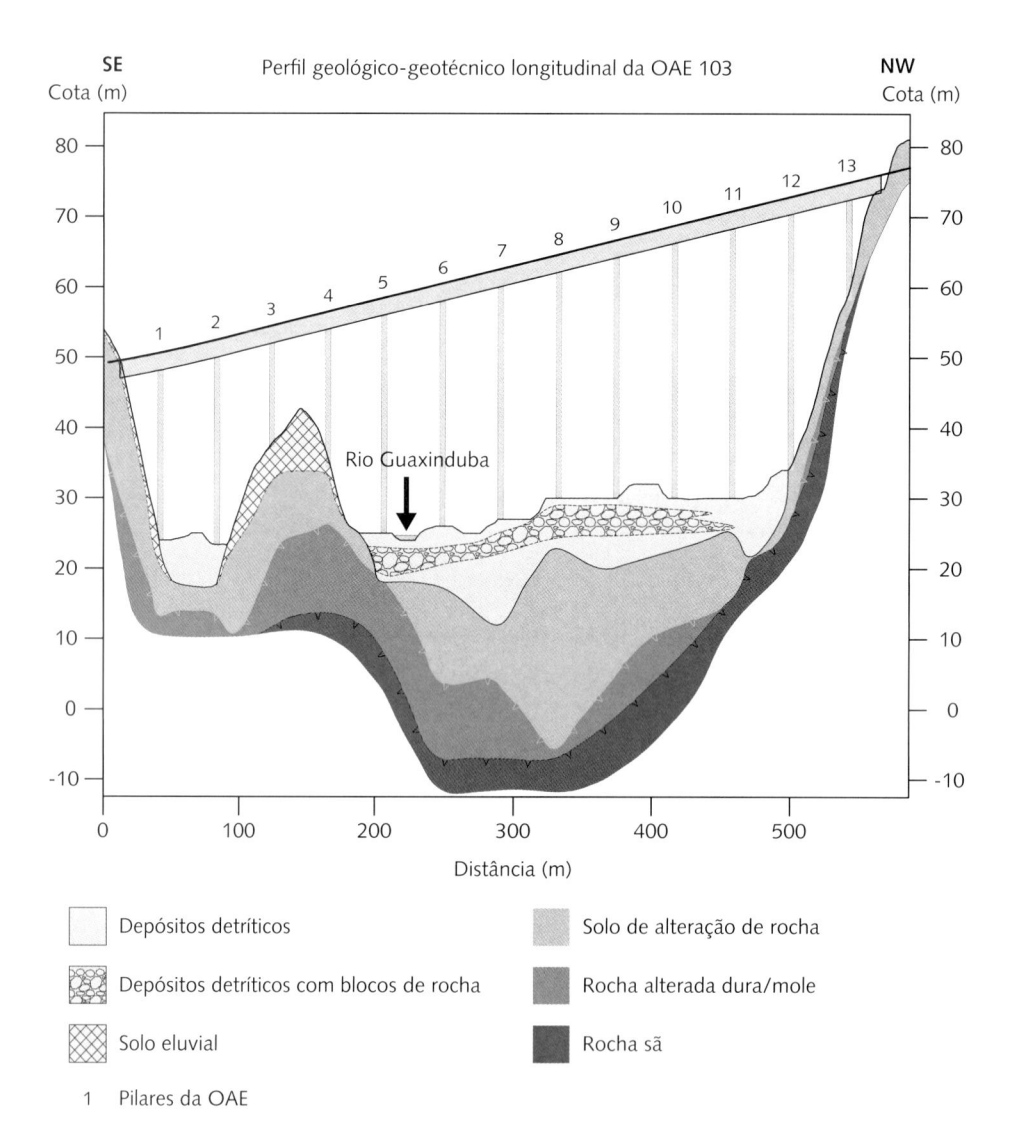

Fig. 6.4 *Perfil geológico-geotécnico ao longo da OAE 103, mostrando uma camada de solos e blocos logo abaixo da superfície, resultante da deposição de provável ocorrência de* debris flow
Fonte: Cunha, de Paula e Goulart (2018).

6 Estudos recentes sobre a possibilidade de ocorrência de *debris flow*... | 135

As Figs. 6.5 e 6.6 mostram a presença de blocos de rocha carregados e depositados ao longo desse rio, resultantes de antigos *debris flow* ou de carreamento durante os períodos de chuvas intensas.

Fig. 6.5 *Ocorrência de blocos de variadas dimensões ao longo do Rio Guaxinduba, próximo à transposição da OAE 103 da Rodovia dos Contornos*

Fig. 6.6 *Vista de bloco rolado, com destaque para a sua dimensão (1 m), ao longo do Rio Guaxinduba, próximo à transposição da OAE 103 da Rodovia dos Contornos*

A conclusão alcançada foi a recomendação de proteção dos apoios da OAE 103, em face da possibilidade de ocorrência do fenômeno de *debris flow*. Essa proteção, conhecida como submarino, foi projetada em alguns dos apoios que se posicionam na calha principal do rio, enquanto nos demais apoios, localizados em cotas superiores, não foi verificada a necessidade dessas proteções. Cunha, de Paula e Goulart (2018) sintetizaram as recomendações conforme apresentado na Fig. 6.7.

Síntese dos resultados
Rio Guaxinduba – OAE 103

Índice de suscetibilidade	61,20
Classificação	Alto

Solução adotada
- Proteção dos apoios 5, 6 e 7 localizados na parte baixa da planície;
- Proteções de taludes e de outros apoios.

Fluxo da corrida de detritos

Pilar a ser protegido

Parede concreto com fundação a ser definida

Fig. 6.7 *Síntese dos resultados da transposição do Rio Guaxinduba mostrando a OAE 103, com um desenho esquemático da obra de proteção dos pilares, denominada submarino*
Fonte: Cunha, de Paula e Goulart (2018).

6.5 Travessia do Rio Santo Antônio (OAE 201)

A transposição do Vale do Rio Santo Antônio dá-se principalmente pela OAE 201 sobre uma planície aluvionar de origem marinha e continental (Figs. 6.8 e 6.9). No projeto inicial, a transposição previa várias obras, entre OAE e aterro, considerando que sua largura no local é de cerca de 550 m. O trecho da transposição está totalmente ocupado por edificações.

6 Estudos recentes sobre a possibilidade de ocorrência de *debris flow*... | 137

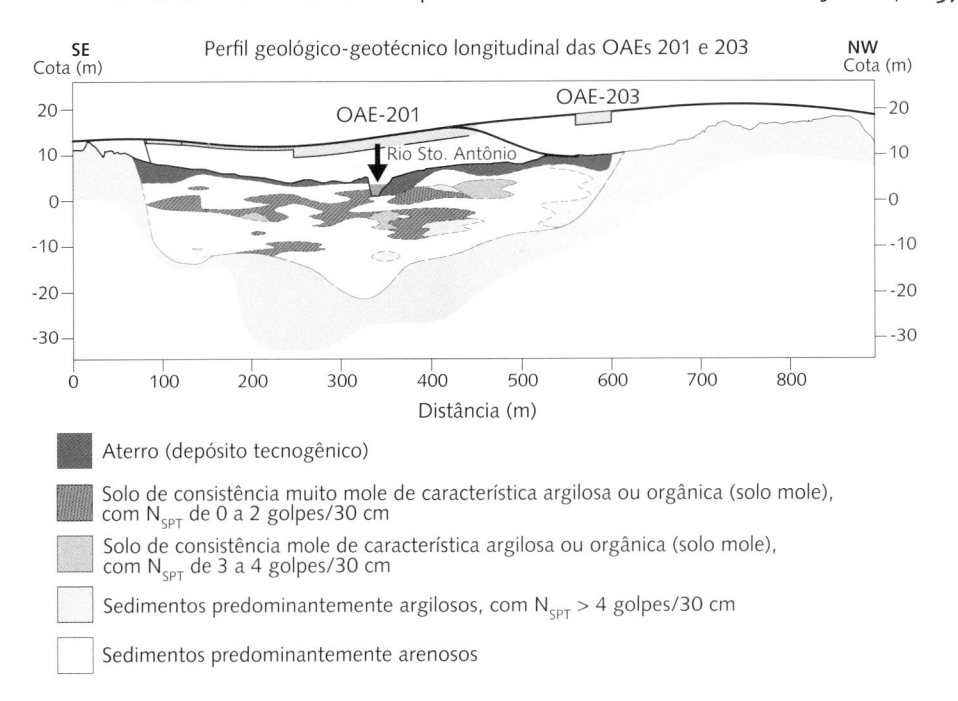

Fig. 6.8 *Perfil geológico-geotécnico ao longo da transposição do Rio Santo Antônio, mostrando uma zona de deposição de camadas interdigitadas de solos arenosos e argilosos resultantes de deposição em épocas diferentes e com diversos graus de energia, alguns associados a evento de* debris flow. *Nesse local, a energia de transporte do fluxo é menor, devido à pequena declividade e à maior distância das encostas principais*

Fig. 6.9 *Vale do Rio Santo Antônio na região a ser cruzada pela Rodovia dos Contornos (tracejado), em 2014. A seta indica o ponto de cruzamento do traçado dos Contornos com o Rio Santo Antônio*

Foi recomendado que a transposição desse vale pela Rodovia dos Contornos fosse efetuada por obras de arte com vão de grandes dimensões (no mínimo 40 m) em substituição aos aterros ou qualquer tipo de obra que implique barramentos ao curso natural do rio, conforme apresentado por Cunha, de Paula e Goulart (2018) e sintetizado na Fig. 6.10.

Síntese dos resultados
Rio Santo Antônio – OAE 201

Índice de suscetibilidade	57,90
Classificação	Médio

Solução adotada

- Transposição da planície por OAE e ELE (um tipo de OAE) de modo a deixar passagem por eventual fluxo (opção inicial de travessia por aterro)

Fig. 6.10 *Síntese dos resultados da transposição do Rio Santo Antônio mostrando a extensa OAE 201. A seta indica o ponto de cruzamento do traçado dos Contornos com o Rio Santo Antônio. Inicialmente, previa-se grande extensão da travessia por aterros*
Fonte: Cunha, Paula e Goulart (2018).

As Figs. 6.11 e 6.12 mostram os tipos de obras implantadas.

Fig. 6.11 *Vista de parte da OAE 201 com vão de 40 m, adjacente à calha principal do Rio Santo Antônio, de modo a permitir a passagem de eventual corrida de detritos, conforme já ocorrido em 1967*

Fig. 6.12 *Parte complementar da OAE 201. Esse tipo de obra, denominada ELE (encontro leve estruturado), substituiu o aterro inicialmente projetado, sendo mais favorável ao escoamento de fluxos de detritos e lama em caso de ocorrência de debris flow*

6.6 Transposição do Córrego São Tomé (OAE 221)

A OAE 221, situada no município de São Sebastião, transpõe um corpo de tálus estabilizado associado a movimentos de massa pretéritos que resultaram na deposição dos materiais mobilizados já na cota aproximada de 12 m, ou seja, em zona de deposição final do talvegue. No perfil geológico-geotécnico ao longo do traçado dessa OAE (Fig. 6.13), foi observada nas sondagens a existência de alguns

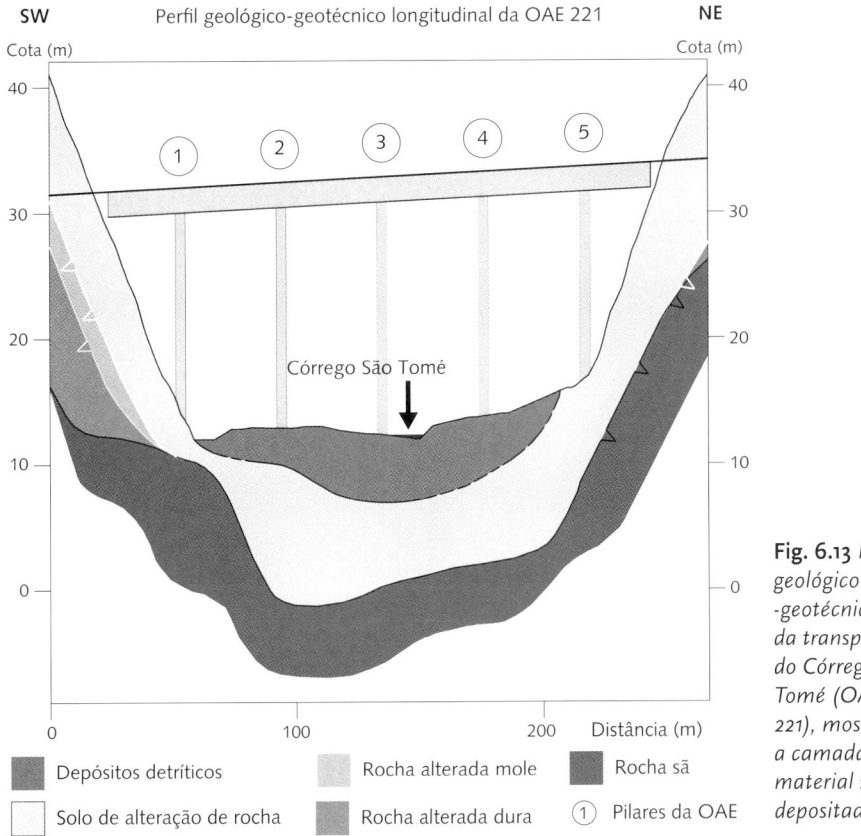

Fig. 6.13 *Perfil geológico-geotécnico ao longo da transposição do Córrego São Tomé (OAE 221), mostrando a camada de material sedimentar depositado*

poucos blocos de rocha de dimensões predominantemente inferiores a 1,5 m de diâmetro, o que foi corroborado pelas observações do mapeamento de superfície. Tais condições indicam que esse local foi deposição final dos materiais mobilizados nos movimentos de massa, visto que nos sedimentos da planície localizados mais a jusante não há ocorrência de materiais granulares grosseiros.

O valor final do índice de suscetibilidade à ocorrência do fenômeno nessa bacia, obtido nesse estudo, foi de IS = 49,6, o que indica um risco médio, dentro do intervalo 40-60. Considerando a posição de travessia da OAE 221, já situada no trecho final de deposição (cota 12 m) junto à planície aluvionar, onde não se tem verificado a deposição de materiais grosseiros, e sim a existência de bacias de retenção/acumulação naturais, situadas a montante do eixo do traçado, na zona de deposição parcial, não foi recomendada nenhuma medida de proteção aos apoios dessa OAE. A Fig. 6.14 sintetiza esses resultados conforme divulgado por Cunha, de Paula e Goulart (2018) em sua reprodução da apresentação oral do referido trabalho, em painel por ocasião do 16º Congresso Brasileiro de Geologia de Engenharia e Ambiental (CBGE).

Síntese dos resultados
Córrego São Tomé – OAE 221

Solução adotada
- Nenhuma solução – IS = médio;
- Só foram adotadas medidas para IS alto e muito alto.

Índice de suscetibilidade	49,60
Classificação	Médio

Fig. 6.14 *Síntese dos resultados da transposição do Córrego São Tomé, mostrando a OAE 221, que é a reprodução da apresentação oral do trabalho de Cunha, Paula e Goulart (2018).*

6.7 Transposição do Ribeirão da Fazenda (OAE 401)

A OAE 401 foi inicialmente projetada para fazer a transposição do Ribeirão da Fazenda (também conhecido como Ribeirão do Moulin) e seu afluente, sendo o

6 Estudos recentes sobre a possibilidade de ocorrência de *debris flow*... | 141

primeiro associado a uma grande bacia hidrográfica e a um talvegue ao longo do qual se observa a ocorrência de um corpo de tálus encaixado, com largura de cerca de 70 m.

Para as duas bacias, a montante do traçado inicialmente previsto, foram desenvolvidos vários estudos, em que se identificaram fortes indícios de ocorrências de *debris flow*, sobretudo na maior delas, formada pelo Ribeirão da Fazenda. Essa condição foi um dos fatores que levou à alteração no traçado para dentro da encosta, optando-se pela execução de um túnel de maior extensão, contornando o problema relacionado às corridas de detritos, assim como pela dificuldade e elevado custo para as estradas de acesso a obras, grande impacto ambiental, entre outros. As Figs. 6.15 e 6.16 sintetizam esses resultados, conforme apresentado por Cunha, de Paula e Goulart (2018).

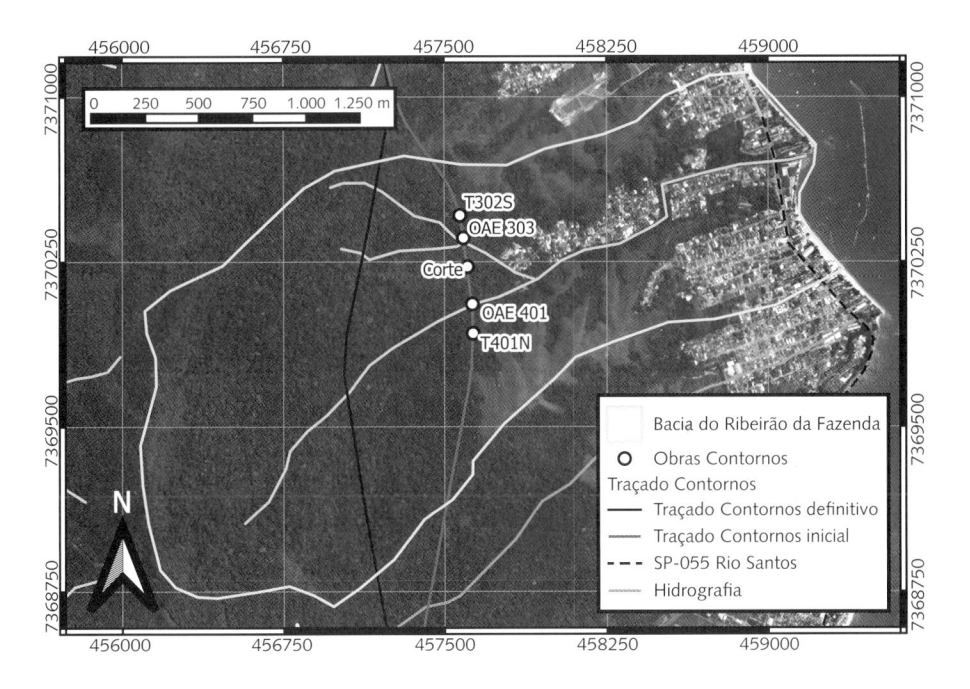

Fig. 6.15 *Transposição da Bacia do Ribeirão da Fazenda pelas obras dos Contornos, mostrando o traçado inicial com túneis, OAEs e corte, e o traçado definitivo, atravessando apenas por túnel*
Fonte: Cunha, de Paula e Goulart (2018).

6.8 Estudo de outros locais com possibilidade de ocorrência de *debris flow*

Para os 16 outros locais considerados, foram realizadas avaliações de modo a confirmar a hipótese, inicialmente prevista, de pequena possibilidade de ocorrências de *debris flow*. Essas avaliações basearam-se nos seguintes fatores, obtidos a partir de mapeamento de campo e resultados de investigações realizadas para o projeto das fundações:

Síntese dos resultados
Córrego da Fazenda – OAE 401

Índice de suscetibilidade	66,25
Classificação	Alto

- Planície aluvionar – 200 m largura/cota 5 m (na porção mais larga);
- Corpo de talus no talvegue;
- Bacia hidrográfica – ~2,3 km;
- Investigação de subsuperfície – sondagens.

Solução adotada

- Uma das condições que levaram a alteração de traçado para túnel (deslocamento horizontal de quase 600 m entre traçado inicial e definitivo).

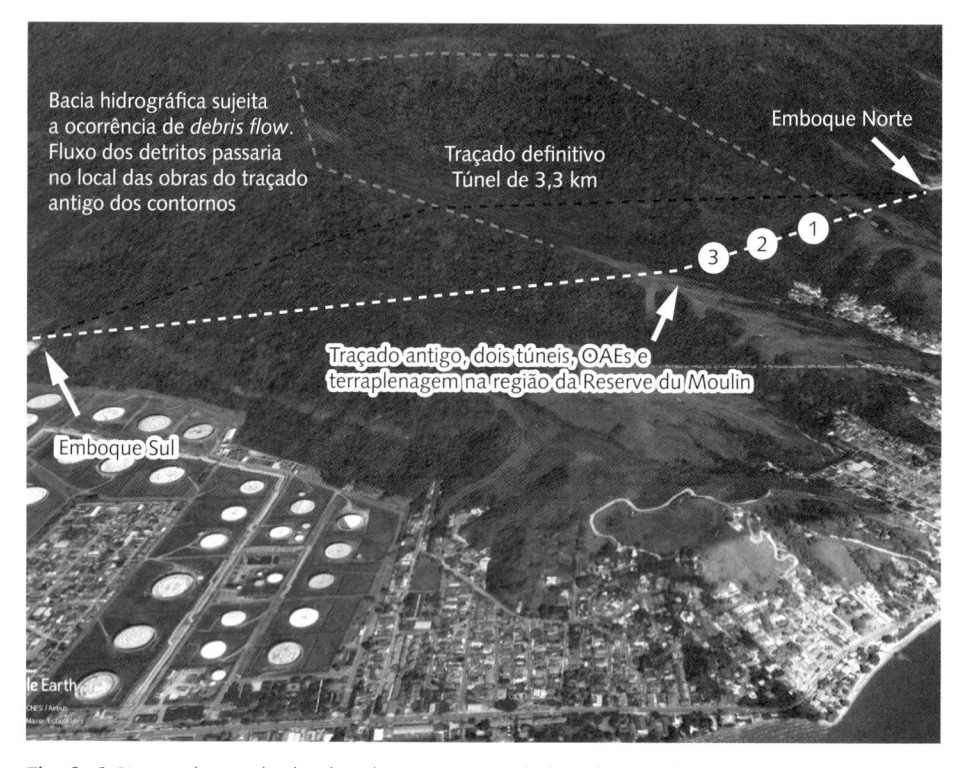

Fig. 6.16 *Síntese dos resultados das alternativas estudadas relacionadas a: (1) OAE 303, (2) corte, (3) OAE 401*
Fonte: Cunha, Paula e Goulart (2018).

1) Perfil geológico-geotécnico ao longo da OAE, obtido a partir das investigações executadas para definição das fundações dos apoios e encontros, em que se observou a ocorrência da granulometria dos materiais depositados nas diferentes camadas sedimentares ou horizontes de alteração (blocos, pedras, areia e solo mole).

2) Distância da OAE até as escarpas da Serra do Mar e/ou espigões secundários de menor altitude, de modo a avaliar sumariamente a energia de transporte gerada por eventual *debris flow*.

3) Tipo de curso d'água, largura e materiais depositados (blocos de rocha ou areia), atravessado pela respectiva OAE.
4) Tipo de material que ocorre em superfície atravessada pela OAE.

O mapa da Fig. 6.17 mostra a localização das bacias estudadas, e a Tab. 6.3 apresenta as características de cada uma delas.

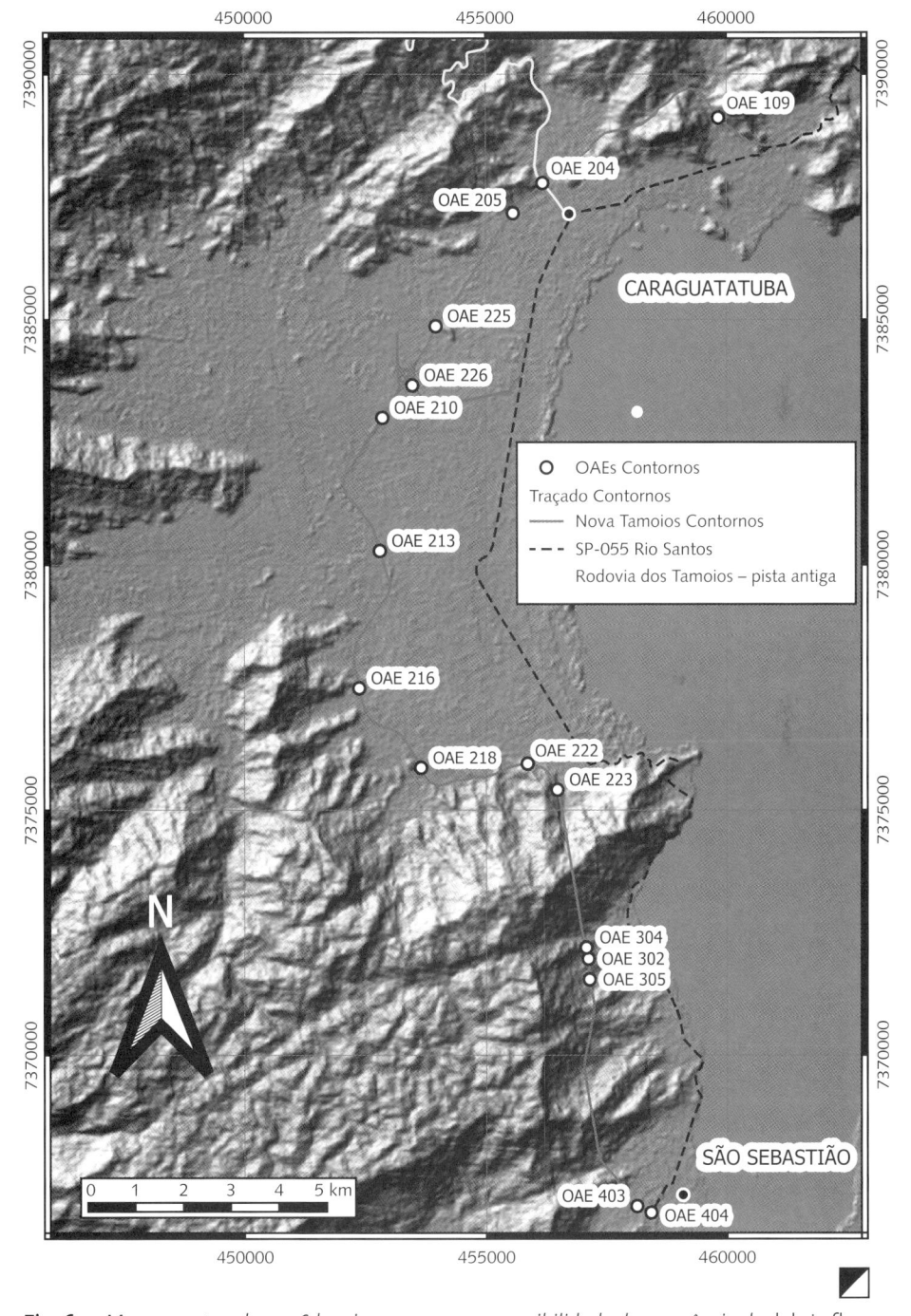

Fig. 6.17 *Mapa mostrando os 16 locais com pequena possibilidade de ocorrência de* debris flow

Tab. 6.3 Características de cada uma das 16 bacias estudadas ao longo do traçado da Rodovia dos Contornos.

OAE	Lote/estaca	Extensão aproximada	Com partimento		Presença de curso d'água	Largura	Presença em superfície			Materiais no perfil longitudinal geológico-geotécnico				Ocorrência de debris flow
			Planície	Encosta			Blocos	Areia		Blocos	Pedras	Areias	Argila	
109	1/1098-1100	40 m		X	Não	–	Rocha	–		–	–	–	–	Não
204	2/2020	?	X		Não	–	Não	Não		–	–	–	–	Não
205	2/2064	?	X		Não	–	Não	Sim		–	–	Sim	Sim	Não
210	2/2302-2327	500 m	X		Não	–	Não	Sim		–	–	Sim	Sim	Não
213	2/2460-2487	540 m	X		Rio Claro	> 10 m	Não	Sim		–	–	Sim	Sim	Não
216	2/2624		X		Não	–	Não	Sim		–	–	Sim	Sim	Não
218	2/2731		X		Córrego Perequê	3 m	Não	Sim		–	–	Sim	Sim	Não
222	3/2855-2875	400 m		X	Não	–	Não	Não		–	–	SA*	–	Não
223	3/2900-2907	140 m		X	Não	–	Não	Não		–	–	SA*	–	Não
225	2/2205		X		Não	–	Não	Sim		–	–	Sim	Sim	Não
226	2/2275		X		Canal artificial	5 m	Não	Sim		–	–	Sim	Sim	Não
302	3/3151-3162	120 m		X	Sim	2 m	Sim	Não		–	–	SA*	–	Não
304	3/3144-3147	60 m		X	Não	–	Sim	Não		–	–	SA*	–	Não
305	3/3176-3183	140 m		X	Sim	2 m	Sim	Não		–	–	SA*	–	Não
403	4/4160-4210	1.000 m	X		Córrego canal.	3 m	Não	Sim		–	–	Sim	Sim	Não
404	4/4200		X		Não	–	Não	Sim		–	–	Sim	Sim	Não

* SA = solo de alteração de rocha.

6.9 Conclusões

Este capítulo resulta das experiências dos autores no projeto da Rodovia dos Contornos de Caraguatatuba e São Sebastião, e apresenta uma síntese da metodologia utilizada nos estudos para definir os locais mais suscetíveis à ocorrência de *debris flows* e as soluções de engenharia adotadas para minimizar os seus impactos nas obras de arte especiais (OAE, pontes e viadutos) que transpõem cursos d'água da região e áreas urbanizadas. Os locais estudados situam-se na parte inferior (até a cota 100 m) da encosta da Serra do Mar e na planície aluvionar de Caraguatatuba. Foi realizado um estudo sistemático para todas as travessias de cursos d'água, utilizando dados obtidos durante as investigações de subsuperfície (em especial sondagens), o que nem sempre é possível em estudos associados a esses eventos em outros lugares do mundo.

Apesar de a área abordada neste livro restringir-se à região do município de Caraguatatuba, este capítulo optou pela apresentação dos potenciais problemas referentes a *debris flow* em todo o trecho da Rodovia dos Contornos, até São Sebastião, por se tratar de uma experiência inédita relacionada a projetos de áreas viárias no âmbito da Serra do Mar.

Finalmente, destaca-se que esses estudos mostraram a preocupação da responsável pela rodovia e dos técnicos envolvidos na implementação das soluções recomendadas para possíveis ocorrências de novos *debris flows*.

Agradecimentos

Agradecemos a Aroldo R. da Silva, do Cima-Sirga/IPT (Cidades, Infraestrutura e Meio Ambiente – Seção de Investigações, Riscos e Gerenciamento Ambiental do Instituto de Pesquisas Tecnológicas do Estado de São Paulo), pelo auxílio com as fotos aéreas antigas de 1962 e 1973 da região de Caraguatatuba, do acervo do IPT.

Referências bibliográficas

CRUZ, P. T; MASSAD, F. *Debris flows*: an attempt to define design parameters. In: SYMPOSIUM ON RECENT DEVELOPMENTS IN SOIL AND PAVEMENT MECHANICS, 25-27 jun. 1997, Rio de Janeiro, Brasil. *Proceedings...* Rotterdam: Balkema, 1997.

CUNHA, M. A.; PAULA, M. S. de; GOULART, B. P. Avaliação da possibilidade de ocorrência de *debris flow* ao longo dos vales atravessados pela Rodovia dos Contornos da Nova Tamoios – Caraguatatuba e São Sebastião – Litoral Norte do Estado de São Paulo. In: CONGRESSO BRASILEIRO DE GEOLOGIA DE ENGENHARIA E AMBIENTAL, 16., 2018, São Paulo. *Anais...* São Paulo: ABGE, 2018.

IBC-GERCA. *Levantamento Aerofotogramétrico*. Escala 1:25.000. Contratante: Secretaria da Agricultura do Estado de São Paulo, 1971/1973.

KANJI, M. A.; CRUZ, P. T.; MASSAD, F.; ARAÚJO FILHO, H. A. Triggering Conditions and Assessment of Susceptibility of *Debris Flow* Occurrence In: PANAMERICAN

CONFERENCE ON SOIL MECHANICS AND GEOTECHNICAL ENGINEERING, 2003, Boston. *Proceedings of the Panamerican Conference on Soil Mechanics and Geotechnical Engineering.* v. 2. 2003. p. 2503-2508.

Situação recente das áreas de risco na região de Caraguatatuba

7

Marcelo Fischer Gramani
Márcio Angelieri Cunha

7.1 Cenários de risco

A região de Caraguatatuba é frequentemente afetada por movimentos de massa e inundação, sobretudo nos arredores das escarpas da Serra do Mar e na área de morros. Há na região dezenas de setores da encosta naturalmente sujeitos a escorregamentos, rolamentos de rocha e deslocamento de lascas rochosas. As condições de risco geológico, desde as classificadas como de baixo risco até aquelas de muito alto risco, estão relacionadas aos graus de intervenção antrópica nesses setores.

Entende-se como intervenção todas as formas que o ser humano modifica as condições geométricas dos taludes e da circulação de água, alterando a estabilidade e potencializando a ocorrência de movimentos de massa. As intervenções mais comuns compreendem os cortes (escavações) nos morros com alturas excessivas e inclinações desfavoráveis, por vezes expondo blocos e matacões de rocha, a construção de patamares com o material retirado das escavações e/ou trazidos de outras localidades (aterros), a retirada excessiva de vegetação no entorno das áreas, a construção de fossas e vazamentos que aumentam o grau de saturação dos solos e o cultivo de espécies vegetais que podem favorecer as movimentações do terreno.

Além desses movimentos de massa, induzidos pelas diferentes formas de ocupação, existe a possibilidade de processos mais catastróficos e, por consequência, mais impactantes para a população e para a infraestrutura local. Entre esses processos, destacam-se os escorregamentos de grande porte, as corridas de detritos e lama e as enxurradas com grande potencial de mobilização de sedimentos no leito e nas margens dos rios.

Os movimentos de massa lideram a evolução das vertentes escarpadas da serra, a partir da evolução do material intemperizado e coluvial e dos fluxos internos subsuperficiais e freáticos. Tal movimentação de materiais se processa em quatro fases, segundo Cruz (1974), fundamentadas na experiência da catástrofe de 1967 em Caraguatatuba.

Na primeira fase, o material intemperizado *in situ*, conservando a estrutura rochosa anterior, os depósitos coluviais pedogenizados atingem um limiar mínimo de resistência ao cisalhamento, em função de infiltração e escoamento subsuperficial-freático; eles rompem, deslocam-se e deslancham, de acordo com a energia pluvial, o grau de declividade e a forma da vertente.

Na segunda fase, transporte turbilhonar em avalanche, corridas de lama e quedas de blocos concentram os materiais, misturados a troncos e galharias, nos pequenos coletores fluviais; acumulações em barreira são formadas ou destruídas, provocando desvios de drenagem das correntes.

A terceira fase compreende (a) o lançamento em ondas de todos os materiais, por avalanche e corridas de lama, nos canais fluviais maiores, então alargados; (b) a passagem pelas rampas de desgaste; e (c) a chegada desses materiais ao sopé das escarpas, onde ocorre entulhamento dos pequenos alvéolos e formação/destruição de taludes existentes anteriormente.

Na quarta fase, já sem os blocos e outros detritos maiores e mais pesados, o escoamento ainda turbilhonar, mas também laminar, espraia e anastomosa as correntes de lama nas planícies até o mar.

Com esses cenários de risco presentes na área e visando a identificação dos diferentes graus de risco e a possibilidade de antecipar os graves problemas que ali são registrados, foram executados vários estudos por diferentes instituições, com diferentes escalas e objetivos, para a busca de soluções que antecipem a ocorrência desses processos do meio físico. Nesse contexto, destacam-se os mapeamentos geológicos e de risco na década de 1990, a execução do Plano Municipal de Redução de Risco (PMRR) em Caraguatatuba no ano de 2006, a atualização do mapeamento de áreas de risco em 2010, a execução das cartas de suscetibilidade em 2018 e dezenas de trabalhos de iniciação científica, mestrado e doutorado defendidos no Departamento de Geografia da Universidade de São Paulo (USP) e no programa de Geociências e Meio Ambiente da Universidade Estadual Paulista (Unesp), focados nos processos do meio físico, seus impactos sociais e econômicos e as possibilidades de prevenção. Entre as publicações recentes, destacamos Gomes (2012, 2016), Ferreira (2013), Nery (2015), Vieira, Ferreira e Gomes (2015), Cerri et al. (2016, 2017, 2018), Dias (2019), Dias, Dias e Vieira (2016, 2017), Dias et al. (2018), Gomes e Vieira (2016), Dias (2017), Dias, Vieira e Gramani (2016), Dias et al. (2019), Coelho et al. (2017), Corrêa (2018) e Corrêa et al. (2019).

7.2 Plano Preventivo de Defesa Civil

O tema *área de risco* envolve uma série de possibilidades, ferramentas e modelos de gestão. Com a questão da redução do número de mortes por escorregamentos e processos correlatos em pauta no Estado de São Paulo, equipes multidisciplinares foram criadas para estudar o tema e propor soluções. Foi em 1988, com a implementação do Plano Preventivo de Defesa Civil (PPDC), sob responsabilidade da Coordenadoria Estadual de Defesa Civil (Cedec), que se iniciaram os estudos e diagnósticos relativos às áreas de risco do município de Caraguatatuba. Tais estudos priorizaram o mapeamento das áreas de ocupação precária de encostas urbanas, não sendo objeto dos trabalhos as avaliações das bacias hidrográficas sujeitas a corridas de massa e/ou outras tipologias de processos.

O Plano Preventivo de Defesa Civil (PPDC), específico para escorregamentos, foi implantado nas encostas da Serra do Mar a partir das conclusões do relatório *Instabilidade da Serra do Mar no Estado de São Paulo*, elaborado em 1988 pelo Instituto de Pesquisas Tecnológicas do Estado de São Paulo (IPT) e pelos Institutos Geológico, Florestal e Botânico. No início daquele ano, diversos eventos de escorregamentos (deslizamentos) ocorreram no Brasil, sendo os mais graves o de Petrópolis (171 mortes), o da cidade do Rio de Janeiro (53 mortes) e o do litoral paulista (17 vítimas fatais em Cubatão, Santos e Ubatuba). O governo paulista, desconhecendo as situações dos riscos geológicos nas encostas no litoral, solicitou estudos que levaram ao mapeamento dos problemas e propostas de soluções e, entre estas propostas, estava o PPDC. Trata-se de um instrumento técnico de convivência com os problemas relacionados a movimentos de massa e inundações.

A partir do segundo semestre de 1988, a Coordenadoria Estadual de Defesa Civil (Cedec), o IPT, o Instituto Geológico e a Companhia de Tecnologia e Saneamento Ambiental (Cetesb) iniciaram a montagem do PPDC, atuando em oito municípios da Baixada Santista (Cubatão, Santos, São Vicente e Guarujá) e do Litoral Norte (São Sebastião, Ilhabela, Caraguatatuba e Ubatuba). A partir de 2000, o PPDC também passou a atuar em 16 municípios do Vale do Paraíba e da Serra da Mantiqueira (Areias, Bananal, Cruzeiro, Lavrinhas, Piquete, Queluz, Aparecida, Cunha, Guaratinguetá, São Luiz do Paraitinga, São José dos Campos, Paraibuna, Jacareí, Santa Branca, Campos do Jordão e São Bento do Sapucaí) e em dez municípios da Região Administrativa de Campinas (Campinas, Hortolândia, Pedreira, Jundiaí, Limeira, Amparo, Atibaia, Bragança Paulista, Socorro e Campo Limpo Paulista), totalizando 34 municípios. No verão de 2003/2004 entraram em operação, de forma experimental, os planos para as regiões do ABC (Santo André, São Bernardo, São Caetano, Diadema, Ribeirão Pires, Mauá e Rio Grande da Serra) e Sorocaba. Atualmente, são 175 municípios monitorados pela PPDC, de acordo com a Coordenadoria Estadual de Proteção e Defesa Civil (Cepdec).

De acordo com a apostila do PPDC,

> O principal objetivo do PPDC é evitar mortes por meio da remoção preventiva das populações. Esta ação se baseia na previsão da ocorrência de escorregamentos por meio do monitoramento das chuvas (principal agente deflagrador dos escorregamentos), de vistorias nas áreas de risco e da previsão.

O PPDC prevê a integração entre a Cepdec, suas regionais (Repdec), as prefeituras municipais (Comissões Municipais de Proteção e Defesa Civil, Compdec) e os órgãos de apoio técnico (IPT, IG e Departamento de Águas e Energia Elétrica, DAEE).

O plano está estruturado em quatro níveis vigentes (observação, atenção, alerta e alerta máximo), cada qual com procedimentos diferenciados e ações correspondentes. Para a deflagração desses níveis, são considerados os seguintes indicadores: índices pluviométricos acumulados (72 horas), previsão meteorológica (curto a médio prazo) e observações feitas nas vistorias de campo (manifestações das encostas: trincas no solo e moradias, degraus de abatimento, estruturas rígidas inclinadas, escorregamentos, entre outras).

Um dos principais parâmetros utilizados no PPDC é o acumulado de chuva em determinado período de tempo. Esse índice tem como origem os estudos desenvolvidos por Tatizana et al. (1987a, 1987b) para o município de Cubatão e áreas da Serra do Mar (SP). Após a compilação dos dados sobre as chuvas e a avaliação detalhada das ocorrências de diferentes tipologias de escorregamentos, os autores indicaram uma correlação mais aderente para o acumulado em três dias anteriores, isto é, 72 horas. A correlação está baseada nos índices pluviométricos horários e nos valores de precipitação acumulada anteriormente ao evento, responsáveis pela deflagração de escorregamentos planares de solo. Os resultados obtidos indicam que, para maiores valores de precipitação acumulada, os índices pluviométricos horários deflagradores dos escorregamentos decrescem exponencialmente, como pode ser observado no gráfico da Fig. 7.1. Os mesmos autores estabelecem que os valores acumulados de chuvas para a deflagração dos processos de corridas são muito mais altos que os necessários para os escorregamentos planares.

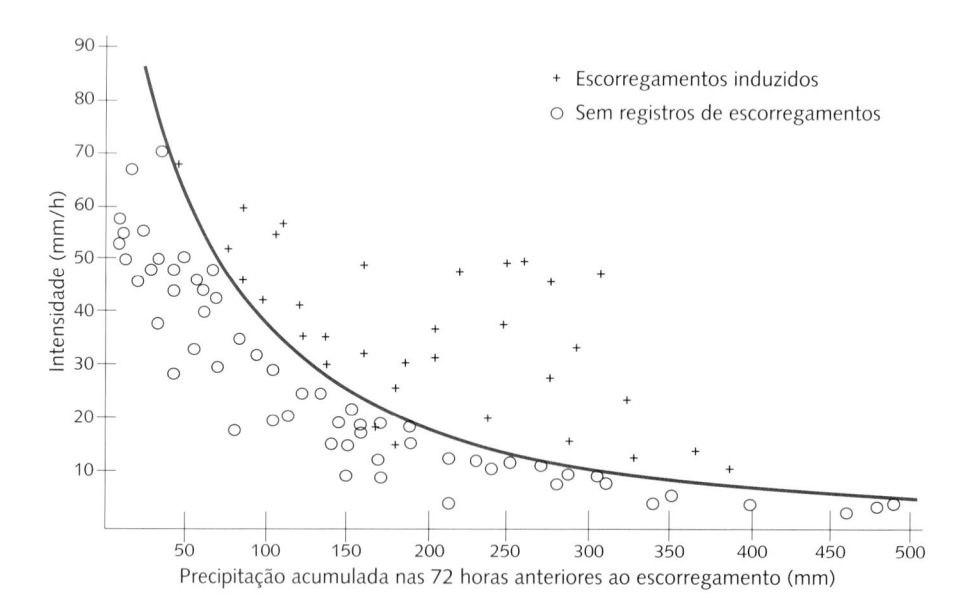

Fig. 7.1 *Correlação entre chuva e escorregamentos induzidos. Posto pluviométrico Curva da Onça (E3-153), setor Refinaria, Serra do Mar, Cubatão, SP*
Fonte: Tatizana et al. (1987a, 1987b).

Devido à complexidade do plano e do sistema, a Cepdec promove continuamente as Oficinas Preparatórias para a Operação Verão (OPOV), com o intuito de capacitar e treinar agentes municipais no reconhecimento das situações críticas e de qual o procedimento para garantir a segurança da população.

7.3 Instrumentos de identificação de risco: mapeamento de áreas e PMRR

Na região de Caraguatatuba, a partir da década de 1991, começou a ser observada uma série de acidentes de escorregamentos em taludes de corte e aterro, associados principalmente à ocupação urbana em setores críticos dos morros, caracterizada por moradias de padrão precário, antigas áreas de empréstimo e de mineração.

Com um histórico bastante desfavorável à segurança da população e os recorrentes acidentes dessa natureza, o município de Caraguatatuba elaborou em 2006 o seu Plano Municipal de Redução de Riscos (PMRR) para as 18 localidades indicadas pela prefeitura, das quais 16 se encontram em áreas urbanas e apenas duas em áreas rurais. A partir desse plano, foram definidas estratégias e prioridades para a implantação de intervenções estruturais de segurança.

Em 2010, o IPT, por meio do Programa de Apoio Tecnológico aos Municípios (Patem, Secretaria de Desenvolvimento do Estado de São Paulo), revisitou algumas áreas e elaborou o Parecer Técnico nº 18578-301, intitulado *Mapeamento e proposta de plano de gerenciamento de áreas de risco de escorregamentos do município de Caraguatatuba, SP*. No período entre julho e agosto de 2010, foram executados os trabalhos de mapeamento das 19 áreas de risco no município de Caraguatatuba. Segundo o IPT (2010), os bairros que apresentaram problemas dessa natureza foram: (1) Cocanha, (2) Sertão dos Tourinhos, (3) Jardim Santa Rosa (Morro do Chocolate), (4) Portal Fazendinha/Jetuba, (5) Olaria, (6) Casa Branca, (7) Martim de Sá, (7A) Martim de Sá/Jardim Forest, (8) Prainha, (9) Cantagalo, (10) Serraria, (11) Sumaré, (12) Jardim Francis, (13) Benfica, (13A) Califórnia, (14) Estrela D'Alva, (15) Caputera, (16) Rio do Ouro, (17) Tinga, (18) Jaraguazinho e (19) Cidade Jardim.

O resultado desse último trabalho de mapeamento, conforme Tab. 7.1, mostra a distribuição dos 54 setores por grau de risco (IPT, 2010). Nota-se que 42 setores de risco, o equivalente a 78% das áreas mapeadas, se encontram nos setores mais críticos: R3 e R4. A Fig. 7.2 ilustra a distribuição geográfica das áreas de risco de escorregamentos e quedas/rolamentos de blocos identificadas em 2010.

Tab. 7.1 Distribuição de setores por graus de risco

Grau de risco	Quantidade de setores	%
R1 (menor risco)	1	2
R2	11	20
R3	29	54
R4 (maior risco)	13	24
Total	54	100

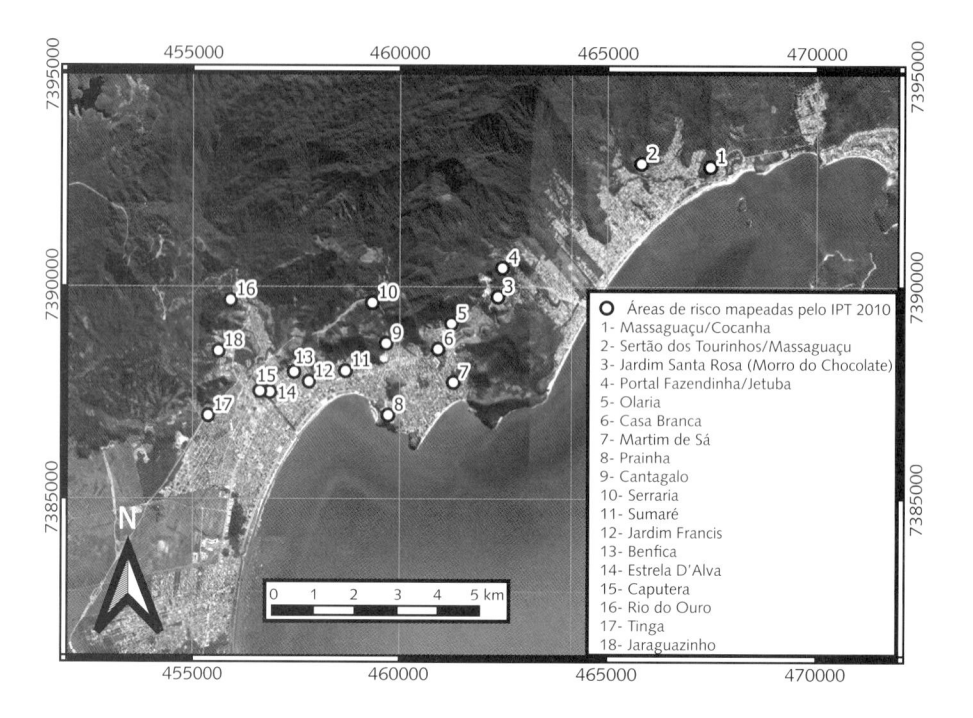

Fig. 7.2 *Mapa de localização das áreas de risco mapeadas no município de Caraguatatuba em 2010*
Fonte: modificado de Marandola et al. (2013).

O mapeamento ainda mostrou situações críticas que, sob o ponto de vista da tipologia de intervenção, resultaram na relocação de 29 moradias. As Figs. 7.3 a 7.6, extraídas do parecer do IPT (2010), ilustram a situação indicada para a relocação de moradores e as formas mais comuns de intervenção no terreno com alterações drásticas na geometria: cortes e aterros.

Fig. 7.3 *Moradias em setores de risco bastante críticos indicadas para relocação*
Fonte: IPT (2010).

Fig. 7.4 *Moradias em setores de risco bastante críticos. Observar o padrão das ocupações no setor de alto risco (R3) por escorregamento em encosta natural*
Fonte: IPT (2010).

Fig. 7.5 *Cicatriz de escorregamento em talude de corte e material depositado próximo a moradia em setor de risco muito alto (R4). A moradia foi indicada para remoção*
Fonte: IPT (2010).

Fig. 7.6 *Vista da proximidade da moradia em relação ao talude de corte e presença de blocos e matacões próximos ao topo*
Fonte: IPT (2010).

Um produto desse parecer técnico foi a apresentação de uma proposta de plano de gerenciamento das áreas de risco de escorregamentos para o município. O plano tem como base a elaboração de mapas com a setorização do grau de risco de cada uma das áreas e a indicação de diretrizes para a gestão, por meio de medidas estruturais e não estruturais, visando a redução dos impactos gerados pelos escorregamentos. Tais medidas, de forma geral, compreenderam: obras de engenharia e relocação de moradias (intervenções estruturais) e operação de planos preventivos de defesa civil, fiscalização e controle da ocupação das encostas (intervenções não estruturais).

7.4 Carta de suscetibilidade a movimentos gravitacionais de massa e inundações

Outro instrumento de identificação de risco, elaborado para o município de Caraguatatuba no ano de 2017, é a carta de suscetibilidade.

A carta de suscetibilidade a movimentos gravitacionais de massa e inundações foi elaborada pelo IPT na escala 1:50.000 em dezembro de 2017 (revisão 1) e identifica áreas suscetíveis a movimentos de massa e a inundação, classificando-as com alta, média e baixa suscetibilidade (Quadro 7.1) para ambos os eventos. Entre as contribuições que essa carta pode proporcionar, destaca-se a indicação de geração e tipologias de processos em áreas ainda não ocupadas e na escala de bacia hidrográfica.

Nesse sentido, a carta elaborada para o município de Caraguatatuba indica várias bacias de drenagens com alta suscetibilidade à geração de corridas de massa e enxurradas (incidência: 92,62 km^2, que corresponde a 19,19% da área do município), que podem atingir trechos planos e distantes situados a jusante, induzindo, ainda, solapamento de talude marginal (incidência de 0,42 km^2, que corresponde a 1,19% da área urbanizada/edificada do município).

Dessas bacias, identificadas na carta de suscetibilidade, ressaltam-se as de maior proporção que atingem diretamente as áreas mais urbanizadas do município, que são as Bacias do Rio Santo Antônio e do Rio Guaxinduba, conforme destacado nas Figs. 7.7 e 7.8. Adicionalmente, além dos núcleos urbanos, há na bacia do Rio Guaxinduba infraestruturas estratégicas e de grande relevância: ETA Guaxinduba (Companhia de Saneamento Básico do Estado de São Paulo, Sabesp) e obras de arte da Rodovia dos Tamoios de Caraguatatuba e São Sebastião (ver Cap. 6).

Essas bacias foram as mais atingidas no evento catastrófico de 1967, quando ainda eram pouco ocupadas e urbanizadas, resultando, mesmo naquela época, em uma grande devastação, devido ao grande volume de material mobilizado pelo *debris flow* que atingiu a região. Foram acumuladas espessuras consideráveis de solo, blocos de rocha e troncos de árvores ao longo do vale na parte inferior das bacias, conforme mostram as Figs. 7.9 a 7.11.

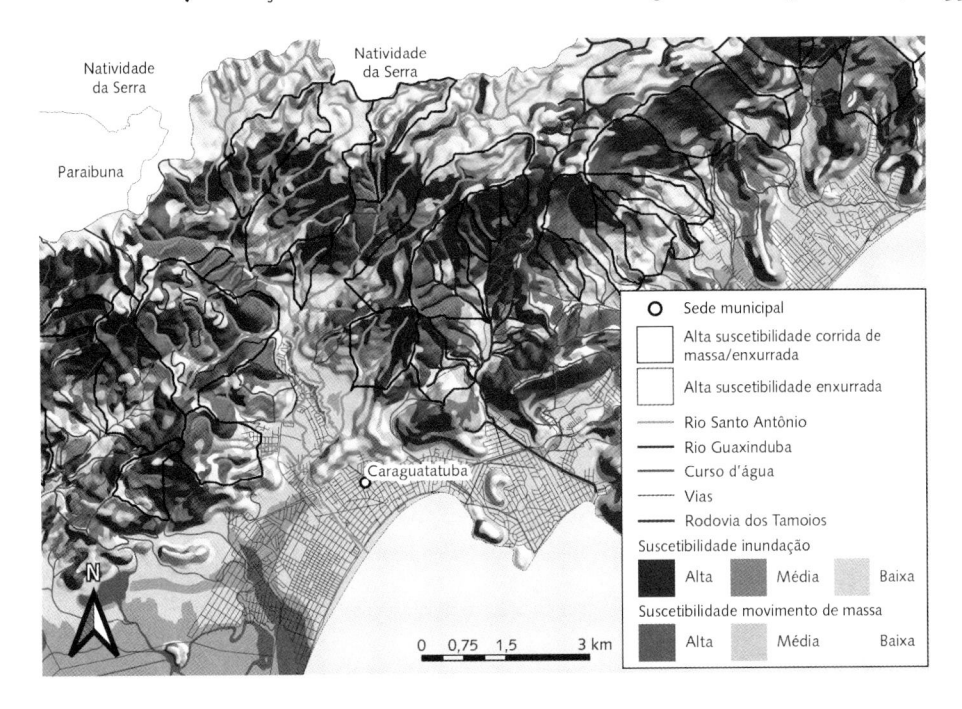

Fig. 7.7 *Recorte da carta de suscetibilidade a movimentação de massa, com destaque para as Bacias dos Rios Santo Antônio e Guaxinduba. Classificação de risco a escorregamentos: alto (marrom-escuro), médio (marrom-claro) e baixo (amarelo), caracterizada no Quadro 7.1*
Fonte: elaborado a partir de imagens do Serviço Geológico do Brasil
(CPRM, <http://www.cprm.gov.br/>).

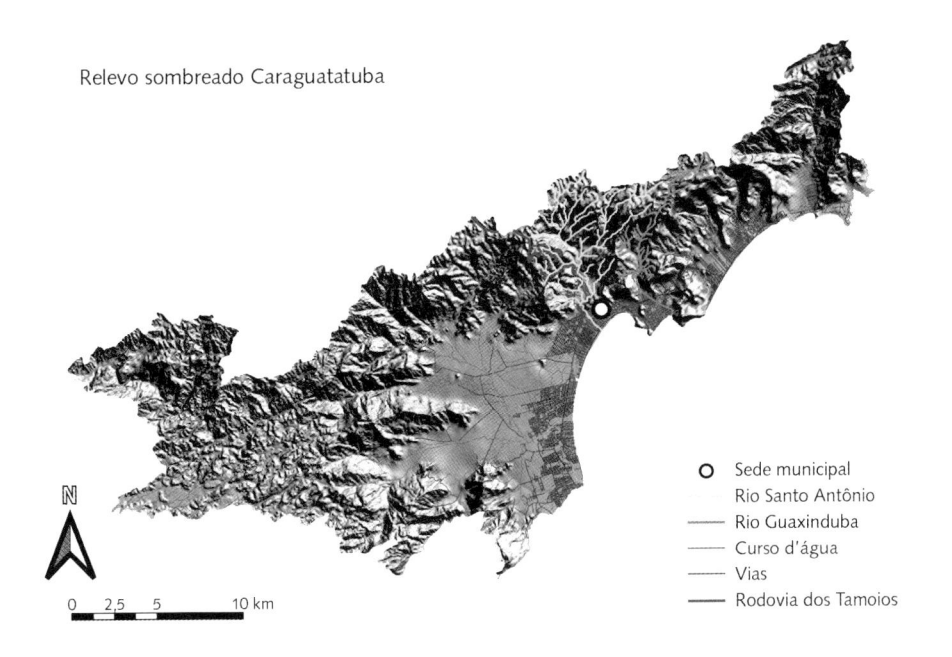

Fig. 7.8 *Relevo sombreado de Caraguatatuba*
Fonte: elaborado a partir de imagens do Serviço Geológico do Brasil
(CPRM, <http://www.cprm.gov.br/>).

Quadro 7.1 Carta de suscetibilidade a movimentos gravitacionais de massa no município de Caraguatatuba

Classe de suscetibilidade	Foto ilustrativa	Características predominantes	Área		Área urbanizada/edificada	
			km²	%*	km²	%**
Alta		• Relevo: escarpas e morros altos; • Formas das encostas: retilíneas e côncavas, com anfiteatros de cabeceiras de drenagem abruptos; • Amplitudes: 80 m a 360 m; • Declividades: > 25°; • Litologia: migmatitos, biotitagnaisses, granitoides e granitos gnáissicos; corpos granitoides foliados; • Densidade de lineamentos/estruturas: alta; • Solos: pouco evoluídos e rasos; • Processos: deslizamento, queda de rocha e rastejo.	120,9	25,05	0,22	0,60
Média		• Relevo: escarpas e morros altos; • Formas das encostas: convexas a retilíneas e côncavas, com anfiteatros de cabeceira de drenagem; • Amplitudes: 40 m a 280 m; • Declividades: 10° a 30°; • Litologia: migmatitos, biotitagnaisses, granitoides e granitos gnáissicos; corpos granitoides foliados; • Densidade de lineamentos/estruturas: média; • Solos: evoluídos e moderadamente profundos; • Processos: deslizamento, queda de rocha e rastejo.	96,2	19,93	0,64	1,75
Baixa		• Relevo: planícies e terraços fluviais e marinhos, morros altos e morros baixos; • Formas das encostas: convexas suavizadas e topos amplos; • Amplitudes: < 80 m; • Declividades: < 15°; • Litologia: sedimentos marinhos e lagunares; migmatitos, biotitagnaisses, granitoides e itos áissicos; • Densidade de lineamentos/estruturas: baixa; • Solos: aluviais; evoluídos e profundos nos morros altos e morros baixos; • Processos: deslizamento, queda de rocha e rastejo.	265,6	55,02	35,73	97,65

*Porcentagem em relação à área do município.
**Porcentagem em relação à área urbanizada/edificada do município.
Fonte: elaborado a partir de imagens do Serviço Geológico do Brasil (CPRM, <http://www.cprm.gov.br/>).

7 Situação recente das áreas de risco na região de Caraguatatuba | 157

Fig. 7.9 *Foz do Rio Santo Antônio logo após a catástrofe de 1967. Notar os deslizamentos nas encostas e o grau de erosão nas margens do rio*
Fonte: Arquivo Municipal de Caraguatatuba.

Fig. 7.10 *Vista mostrando a área impactada no Rio Santo Antônio, atingindo também trecho urbano de Caraguatatuba. Notar a localização da ponte provisória e, ao fundo, as áreas de escorregamento*
Fonte: Arquivo Municipal de Caraguatatuba.

Fig. 7.11 *Vista geral da planície bastante assoreada, com grande quantidade de árvores dispersas nas proximidades do Rio Santo Antônio*
Fonte: Arquivo Municipal de Caraguatatuba.

Outras bacias, localizadas ao sul do município, também foram intensamente afetadas, com destaque para as Bacias dos Rios Pau D'Alho e Camburu. Na área de planície desses dois rios, estava localizada a antiga Fazenda dos Ingleses (atual Fazenda Serramar), severamente danificada após a passagem de inundação brusca e a deposição de camadas de areia por grande extensão. Os impactos, os prejuízos e o fenômeno foram tão severos e destrutivos que serviram de fonte de documentários e dezenas de reportagens nas mídias impressas e televisivas (Caraguá…, 2017; Grapefruit…, 2012). Segundo Sérgio Pompeia (Grapefruit… 2012):

> Pouca gente sabe, mas Caraguatatuba já foi uma grande produtora de frutas para servir ao povo… inglês! Sim, uma fazenda de 4 mil alqueires produziu, durante 40 anos, bananas e cítricos para exportar à Inglaterra. A Fazenda dos Ingleses, como foi chamada, chegou a ter tantos moradores quanto a própria cidade de Caraguatatuba.

No Cap. 1, abordam-se com mais detalhes um histórico e os impactos do evento de 1967 na antiga Fazenda dos Ingleses.

7.5 Outros estudos preventivos sobre possíveis consequências de escorregamentos em obras de engenharia

Nos anos 2000, as equipes técnicas do IPT fizeram novos estudos em Caraguatatuba, visando a análise de risco de processos de movimentos de massa. Destacam-se dois desses projetos:

- "Reconhecimento, caracterização e monitoramento de locais potencialmente sujeitos a instabilização na Serra do Mar na área de influência dos diversos sistemas de captação e abastecimento de água e de tratamento de esgoto", elaborado para a Sabesp. Foram feitos estudos nas Bacias do Rio Claro do Alto e Rio Claro de Baixo (IPT, 2002).
- "Análise de risco de processos de movimentos de massa e estudos para determinação de cota máxima de inundação para subsidiar a escolha entre as alternativas locacionais 3A, 4A e 4B da Unidade de Tratamento de Gás do Gasoduto Mexilhão, Caraguatatuba, SP". O estudo também descreve considerações gerais sobre o fenômeno de fluxo de detritos (*debris flow*), e informações sobre o evento de 17 e 18 de março de 1967 ocorrido na cidade de Caraguatatuba e o método empregado para a avaliação da potencialidade de geração de fluxos de detritos na área envolvida e seus entornos (IPT, 2006).

A Unidade de Tratamento de Gás Monteiro Lobato (UTGCA) foi inaugurada em 2011 no município e ampliou a oferta de gás natural para o mercado brasileiro. Segundo dados apresentados pela Petrobrás, o gás natural e o condensado produzidos são escoados por meio de um gasoduto marítimo até a UTGCA, instalada nas margens do Rio Camburu, e de lá seguem pelo gasoduto Caraguatatuba-Taubaté (Gastau) para distribuição ao consumidor final, interligando-se à malha de gasodutos da companhia. O gasoduto tem 256 km de extensão, desde o Campo de Mexilhão, a 150 km da costa de Ilhabela, até a cidade de Taubaté, no Vale do Paraíba.

> Há condições de geração de fenômenos de corridas em todos os anfiteatros que drenam suas áreas para baixada fluvial onde se encontram as três alternativas locacionais estudadas [...] (IPT).

A faixa do gasoduto, após sair da unidade industrial da UTGCA, segue trecho nas planícies dos Rios Camburu e Pau D'Alho em direção aos contrafortes da Serra do Mar. Nesse último setor, Ribeirão Pau D'Alho, os estudos indicaram haver grande probabilidade da passagem de frentes de corridas de massa com chegada de material granular e transporte de material vegetal (galharada e troncos). Nesse sentido, visando a segurança da obra, o projeto e a execução do cruzamento do gasoduto com a drenagem foram via aérea, conforme ilustrado nas Figs. 7.12 e 7.13.

Na Fig. 7.12, tem-se uma visão geral do gasoduto nas proximidades do cruzamento com o Ribeirão Pau D'Alho. Com o objetivo de reduzir as possibilidades de impacto, toda a tubulação é sustentada por estruturas metálicas: a altura do duto e a distância lateral a partir da margem foram definidas a partir dos cenários de risco determinados para a bacia desse ribeirão. A Fig. 7.13 mostra a linha de duto no cruzamento com o Ribeirão Pau D´Alho. Notar altura e distância das estruturas metálicas a partir da margem direita do ribeirão e as características do depósito nesse trecho: blocos centimétricos, cascalhos e uma matriz predominantemente arenosa.

Fig. 7.12 *Visão geral do gasoduto nas proximidades do cruzamento com o Ribeirão Pau D'Alho. Para reduzir as possibilidades de impacto, toda a tubulação é sustentada por estruturas metálicas*

A questão de risco também foi detalhadamente estudada durante o projeto e as obras de transposição de cursos d'água pela Rodovia dos Contornos. Desses estudos resultaram a adoção de soluções que consideraram a eventual ocorrência desse fenômeno, apresentadas em detalhe no Cap. 6 deste livro.

Fig. 7.13 *Visão geral do gasoduto no cruzamento com o ribeirão Pau D'Alho*

Atualmente, as áreas ao longo da parte de planície do Rio Santo Antônio estão densamente ocupadas e podem ser consideradas de muito alto risco a processos de *debris flow* e fenômenos associados, como enchentes com alta carga de sedimentos. As Figs. 7.14 e 7.15 mostram a situação em que se encontra a ocupação atual.

Fig. 7.14 *Área intensamente urbanizada na baixa planície do Rio Santo Antônio, por onde passou o material transportado pelo* debris flow *de 1967*

As condições de ocupação da parte inferior das Bacias dos Rios Santo Antônio, Guaxinduba e Camburu evidenciam que uma eventual ocorrência de novos fluxos, com as mesmas condições do *debris flow* de 1967, resultará em consequências ainda maiores do que as da época, dado que as ocupações e as novas obras de infraestrutura se estenderam pelas áreas dos vales e planícies junto às margens.

7 Situação recente das áreas de risco na região de Caraguatatuba | 161

Fig. 7.15 *Área pouco urbanizada na planície do Rio Guaxinduba por onde passaria um novo* debris flow

7.6 Caso recente de escorregamento em área urbana

Próximo de completar os 50 anos do desastre de 18 de março de 1967, um grande escorregamento envolvendo solo e rocha ocorreu na encosta leste do Morro Santo Antônio, atingindo um condomínio residencial e destruindo quatro casas. O início do movimento se deu abaixo da pista de parapente (Fig. 7.16), localizada no topo do morro, e o material mobilizado desceu a encosta até atingir o Rio Guaxinduba (Nishijima; Gramani; Iyomasa, 2017), atingindo um condomínio de casas já próximo da planície (Figs. 7.17 e 7.18). Tal movimento de massa ocorreu após intensas chuvas que assolaram o município entre os dias 14 e 15 de março de 2017.

Fig. 7.16 *Comparação de registros do Morro Santo Antônio em (A) setembro de 2016 e (B) maio de 2017. Notar dimensões da encosta leste do morro e cicatriz do escorregamento* Fonte: Nishijima, Gramani e Iyomasa (2017).

Fig. 7.17 *Parte do material escorregado localizado na parte inferior da encosta, já próximo do condomínio mostrado na Fig. 7.16. Notar as dimensões dos blocos e a quantidade de areia e lama compondo a matriz do depósito*

Fig. 7.18 *Impacto do escorregamento em um condomínio situado próximo da planície aluvionar, que provocou a sua destruição parcial*

O histórico de ocorrências de processos do meio físico impactantes na região demonstra a necessidade do constante monitoramento das áreas ainda passíveis de serem ocupadas (áreas vazias, sem ocupação) e dos setores já ocupados por moradias ou por algum tipo de infraestrutura. Trata-se de um dos mais graves problemas que afeta a população dessa região: a ocupação, em assentamentos precários, de áreas de risco geológico, passíveis de serem atingidas por processos com características mais severas e grande poder de destruição. Os setores de relevo acentuados, em morrotes, morros e encostas íngremes, e as planícies fluviais são ambientes críticos e requerem maior atenção no que se refere a movimentos de massa e inundações, respectivamente.

7.7 Conclusões

Este capítulo apresentou uma breve síntese sobre os riscos naturais associados a escorregamentos em geral, na região de Caraguatatuba, que afetaram ou poderão afetar essa região. Destacou-se o evento de 1967 como o grande motivo para a constituição da Defesa Civil no Estado.

Foi apresentado um panorama dos diversos estudos e propostas relacionadas ao mapeamento de risco a escorregamento na região do município de Caraguatatuba, desde os trabalhos iniciais do Plano Preventivo de Defesa Civil de 1988, que correlaciona os fatores chuva × escorregamento, fornecendo subsídios para a prevenção de eventos mais intensos. Outros trabalhos, como o Plano Municipal de Redução de Riscos (2006) e a proposta de Plano de Gerenciamento de Áreas de Risco (Patem – IPT, 2010), foram realizados com finalidade corretiva e preventiva, além de trabalhos elaborados conjuntamente por órgãos governamentais (IPT, IG e CPRM), que identificam áreas de risco a escorregamentos e inundações, classificando-as em vários graus.

Ressaltou-se o evento impactante de escorregamento ocorrido no Morro Santo Antônio em março de 2017, que demonstra a vulnerabilidade dessa região e a necessidade e importância desses mapeamentos de áreas de risco, com o objetivo preventivo e minimizador de maiores impactos à população.

Finalmente, tendo como foco a tragédia de 1967, este capítulo reafirmou a permanência da condição de risco em determinadas áreas ocupadas pela população no caso de eventual nova ocorrência de *debris flows*, sendo da municipalidade a incumbência de administrar e fiscalizar essas áreas e, assim, estabelecer um planejamento urbano para ocupação dos terrenos, pela aplicação de planos diretores municipais.

A omissão do poder público no conhecimento das áreas de risco pode resultar em uma catástrofe muito pior do que a de 1967, face à atual ocupação urbana da região, como se pode observar no médio Rio Santo Antônio e no Vale do Rio Guaxinduba. Não levar em conta a possibilidade de ocorrência desse fenômeno somente porque ele raramente se manifesta, em uma escala de tempo fora da percepção humana, é ignorar todos os registros e o conhecimento acumulado sobre o tema.

Referências bibliográficas

CARAGUÁ: DA CATÁSTROFE AO PROGRESSO. Direção: Emílio Campi. 8 nov. 2017. 1 vídeo (58 min). Publicado por Emílio Campi. Disponível em: <https://www.youtube.com/watch?v=XxXs99R8xak>. Acesso em: 15 abr. 2021.

CERRI, R. I.; REIS, F. A. G. V.; GRAMANI, M. F.; GIORDANO, L. C.; ZAINE, J. E. Landslides zonation hazard: relation between geological structures and landslides occurrence in hilly tropical regions of Brazil. *Anais da Academia Brasileira de Ciências*, v. 89, n. 4, 2017. p. 2609-2623.

CERRI, R. I.; REIS, F. A. G. V.; GRAMANI, M. F.; ROSOLEN, V.; LUVIZOTTO, G. L.; GIORDANO, L. C.; GABELINI, B. M. Assessement of landslide occurrences in Serra do Mar mountain range using kinematic analyses. *Environmental Earth Sciences*, v. 77, n. 375, 17 p., 2018.

CERRI, R. I.; REIS, F. A. G. V.; GABELINI, B. M.; AMARAL, A. M. C.; CORREA, C. V. S.; BRESSAN, R.; SALA, L. A.; GIORDANO, L. C. Relação entre os Condicionantes Estruturais e susceptibilidade a ocorrência de escorregamentos nos municípios de Caraguatatuba e São Sebastião (SP). In: III CONGRESSO DA SOCIEDADE DE ANÁLISE DE RISCO LATINO AMERICANA, SRA-LA, 2016, São Paulo (SP). *Anais do III Congresso da Sociedade de Análise de Risco Latino Americana SRA-LA*. 2016.

COELHO, R. D. et al. *Distribuição granulométrica dos solos e o desenvolvimento dos escorregamentos rasos na Serra do Mar (SP)*. Os Desafios da Geografia Física na Fronteira do Conhecimento. [S.l.]: Instituto de Geociências da Unicamp, 2017. p. 4119-4128. Disponível em: <http://ocs.ige.unicamp.br/ojs/sbgfa/article/view/2565>.

CORRÊA, C. V. S. *Modelagem morfométrica para avaliação da potencialidade de bacias hidrográficas a corridas de detritos: proposta aplicada em Caraguatatuba (SP) e São Sebastião (SP)*. 2018. 275 f. Tese (Doutorado) – Instituto de Geociências e Ciências Exatas, Universidade Estadual Paulista, Rio Claro, 2018.

CORRÊA, C. V. S.; REIS, F. A. G. V.; GIORDANO, L. C.; BRITO, H. D.; GRAMANI, M. F. Identificação e mapeamento de áreas de depósito de corridas de detritos através de técnicas de fotointerpretativas em fotografias aéreas: estudo de caso na bacia Santo Antônio, Caraguatatuba (SP). In: XIX SIMPÓSIO BRASILEIRO DE SENSORIAMENTO REMOTO, 14-17 abr. 2019, Santos, SP. *Anais...* Santos: Inpe, 2019. (ISBN 978-85-17-00097-3.)

CRUZ, O. A Serra do Mar e o litoral na área de Caraguatatuba: contribuição à geomorfologia litorânea tropical. 181 p. 1974. *Teses e monografias*, v. 11, Instituto de Geografia da USP, São Paulo, 1974.

DIAS, H. C. *Modelagem da suscetibilidade a escorregamentos rasos com base em análises estatísticas*. 2019. Dissertação (Mestrado em Geografia Física) – Faculdade de Filosofia, Letras e Ciências Humanas, Universidade de São Paulo, São Paulo, 2019. DOI: 10.11606/D.8.2019.tde-28082019-145944. Acesso em: 11 ago. 2020.

DIAS, H. C.; DIAS, V. C.; VIEIRA, B. C. Condicionantes morfológicos e geológicos dos escorregamentos rasos na bacia do Rio Santo Antônio, Caraguatatuba/SP. *Revista do Departamento de Geografia – USP*, volume especial (eixo 8), p. 157-163, 2017.

DIAS, H. C.; DIAS, V. C.; VIEIRA, B. C. Landslides and morphological caracterization in the Serra do Mar, Brazil. In: AVERSA, F.; CASCINI, L.; PICARELLI, L.; SCAVIA, C. (Org.). *Landslides and Engineered Slopes*. Experience, Theory and Practice. Boca Raton: CRS Press, 2016. p. 831-836.

DIAS, H. C.; BATEIRA, C. V. M.; PISSATO, E.; MARTINS, T. D.; VIEIRA, B. C. Avaliação da Suscetibilidade a Escorregamentos Rasos com Base na Aplicação de Estatística Bivariada: Resultados Preliminares. *Revista do Departamento de Geografia*, v. II, Workshop PPGF, p. 34-42, 2018.

DIAS, V. C. *Corridas de detritos na Serra do Mar Paulista*: parâmetros morfológicos e índice de potencial de magnitude e suscetibilidade. 2017. Dissertação (Mestrado em

Geografia Física) – Faculdade de Filosofia, Letras e Ciências Humanas, Universidade de São Paulo, São Paulo, 2017. DOI: 10.11606/D.8.2018.tde-02022018-120009. Acesso em: 11 ago. 2020.

DIAS, V. C.; VIEIRA, B. C.; GRAMANI, M. F. Parâmetros morfológicos e morfométricos da magnitude das corridas de detritos na Serra do Mar Paulista. *Confins*, v. 29, p. 1-18, 2016.

DIAS, V. C.; MARTINS, T. D.; GRAMANI, M. F.; COELHO, R. D.; DIAS, H. C.; VIEIRA, B. C. The morphology of *debris-flow* deposits from a 1967 event in Caraguatatuba, Serra do Mar, Brazil. In: 7TH INTERNATIONAL CONFERENCE ON *DEBRIS-FLOW* HAZARDS MITIGATION, 2019. *Proceedings...* 2019.

FERREIRA, F. S. *Análise da influência das propriedades físicas do solo na deflagração dos escorregamentos translacionais rasos na Serra do Mar (SP)*. 2013. Dissertação (Mestrado em Geografia Física) – Faculdade de Filosofia, Letras e Ciências Humanas, Universidade de São Paulo, São Paulo, 2013. DOI: 10.11606/D.8.2013.tde-27032013-092838. Acesso em: 11 ago. 2020.

GOMES, M. C. V. *Análise da influência da condutividade hidráulica saturada dos solos nos escorregamentos rasos na bacia do Rio Guaxinduba (SP)*. 2012. Dissertação (Mestrado em Geografia Física) – Faculdade de Filosofia, Letras e Ciências Humanas, Universidade de São Paulo, São Paulo, 2012. DOI: 10.11606/D.8.2012.tde-09112012-123744. Acesso em: 11 ago. 2020.

GOMES, M. C. V. Corridas de detritos e as taxas de denudação a longo-termo da Serra do Mar/SP. 2016. Tese (Doutorado em Geografia Física) – Faculdade de Filosofia, Letras e Ciências Humanas, Universidade de São Paulo, São Paulo, 2016. DOI: 10.11606/T.8.2017.tde-24022017-145209. Acesso em: 11 ago. 2020.

GOMES, M. C. V.; VIEIRA, B. C. Saturated hydraulic conductivity of soils in a shallow landslide area in the Serra do Mar, São Paulo, Brazil. *Zeitschrift fur Geomorphologie*, v. 60, n. 1, p. 53-65, 1 mar. 2016.

GRAPEFRUIT com banana. Direção: Philippe Henry. [S.l.]: Grupo Serveng, 2012. (26 min.)

IPT – INSTITUTO DE PESQUISAS TECNOLÓGICAS DO ESTADO DE SÃO PAULO. Ocupação de encostas. *Publicação IPT*, n. 1831, São Paulo, 1991.

IPT – INSTITUTO DE PESQUISAS TECNOLÓGICAS DO ESTADO DE SÃO PAULO. Reconhecimento, Caracterização e Monitoramento de locais potencialmente sujeitos a instabilização na Serra do Mar na área de influência dos diversos sistemas de captação e abastecimento de água e de tratamento de esgoto. *Relatório Técnico nº 59123-205*, 2002. 266 p.

IPT – INSTITUTO DE PESQUISAS TECNOLÓGICAS DO ESTADO DE SÃO PAULO. Análise de risco de processos de movimentos de massa e estudos para determinação de cota máxima de inundação para subsidiar a escolha entre as alternativas locacionais 3A, 4A e 4B da Unidade de Tratamento de Gás do Gasoduto Mexilhão, Caraguatatuba, SP. *Relatório Técnico nº 90643-205*, 2006. 64 p.

IPT – INSTITUTO DE PESQUISAS TECNOLÓGICAS DO ESTADO DE SÃO PAULO. Mapeamento e proposta de plano de gerenciamento de áreas de risco de escorregamentos do município de Caraguatatuba, SP. *Parecer Técnico nº 18578-30*. Secretaria de Desenvolvimento/Programa de Apoio Tecnológico aos Municípios, Patem, Prefeitura Municipal da Estância Balneária de Caraguatatuba, out. 2010. 281 p.

MARANDOLA JR., E.; MARQUES, C.; DE PAULA, L. T.; CASSANELI, L. B. Crescimento urbano e áreas de risco no litoral norte de São Paulo. *R. Bras. Est. Pop.*, Rio de Janeiro, v. 30, n. 1, p. 35-56, jan./jun. 2013.

NERY, T. D. Dinâmica das corridas de detritos no Litoral Norte de São Paulo. 2015. Tese (Doutorado em Geografia Física) – Faculdade de Filosofia, Letras e Ciências Humanas, Universidade de São Paulo, São Paulo, 2015. DOI: 10.11606/T.8.2016.tde-08032016-165052. Acesso em: 11 ago. 2020.

NISHIJIMA, P. S. T.; GRAMANI, M. F.; IYOMASA, W. S. Comemoração aos 50 anos do evento de 1967: Ocorrência de escorregamento ou *debris flow* em Caraguatatuba? In: XII CONFERÊNCIA BRASILEIRA SOBRE ESTABILIDADE DE ENCOSTAS – COBRAE, 2-4 nov. 2017, Florianópolis, Santa Catarina, Brasil. *Anais...* Santa Catarina: ABMS, 2017.

TATIZANA, C.; OGURA, A. T.; CERRI, L. E. S.; ROCHA, M. C. M. Análise da correlação entre chuvas e escorregamentos – Serra do Mar, município de Cubatão. In: CONGRESSO BRASILEIRO DE GEOLOGIA DE ENGENHARIA, 5., 1987, São Paulo. *Anais...* v. 2. São Paulo: ABGE, 1987a. p. 225-236.

TATIZANA, C.; OGURA, A. T.; CERRI, L. E. S.; ROCHA, M. C. M. Modelamento numérico da análise de correlação entre chuvas e escorregamentos aplicado às encostas da Serra do Mar no município de Cubatão. In: CONGRESSO BRASILEIRO DE GEOLOGIA DE ENGENHARIA, 5, 1987, São Paulo. *Anais...* v. 2. São Paulo: ABGE, 1987b. p. 237-248.

VIEIRA, B. C.; FERREIRA, F. S.; GOMES, M. C. V. Propriedades Físicas e hidrológicas dos solos e os escorregamentos rasos na Serra do Mar paulista. Raega – *O Espaço Geográfico em Análise*, v. 34, p. 269-287, 23. set. 2015. Disponível em: <http://revistas.ufpr.br/raega/article/view/40739>.

Considerações finais 8

Após pouco mais de três anos de levantamentos de dados, tanto históricos como técnico-científicos, cerca de quatro dezenas de reuniões da equipe e várias visitas à região de Caraguatatuba, para conversas com moradores que vivenciaram a catástrofe de março de 1967 e para fazer registros fotográficos atuais, foi finalizado o texto deste livro. Todo este trabalho baseou-se nos conhecimentos de cada um dos autores sobre os temas tratados nos capítulos apresentados.

Este livro é resultado da triste lembrança dos 50 anos da catástrofe e pretendeu não somente recuperar os seus aspectos históricos como também enriquecê-los com conteúdo técnico e científico, aproveitando a experiência e entusiasmo de cada um dos autores nas diversas épocas de suas carreiras, como profissionais atuantes na região de Caraguatatuba e entornos.

Assim, para o entendimento geológico e geotécnico dos eventos de 1967, procurou-se montar uma retrospectiva com o histórico da catástrofe e suas consequências hoje em dia, como sugeriu o Prof. Arthur Casagrande quando visitou Caraguatatuba em 21 de julho de 1967, quatro meses depois da tragédia. Realizaram-se consultas ao Arquivo Municipal de Caraguatatuba, imagens de satélites (Google), bibliotecas e meios eletrônicos disponíveis (internet) para descrição da abrangência da catástrofe, que atingiu, além de parte da área urbana de Caraguatatuba, a Fazenda dos Ingleses (atual Fazenda Serramar) e as estradas de acesso ao município. Abordagens mais técnicas de especialistas, tanto estrangeiros como nacionais, também foram incorporadas, descrevendo a catástrofe como uma das únicas em sua dimensão, em comparação com outras ocorrências em nível mundial. Esse levantamento permitiu ilustrar diferentes momentos históricos da área afetada, que hoje é densamente ocupada pela população.

O fenômeno de *debris flow* propriamente dito foi descrito de forma bastante ampla, apresentando conceitos empregados na literatura científica nacional e internacional, de forma a permitir ao leitor o entendimento e a gravidade econômica e social desse processo. Ocorrências no Brasil e internacionais de elevada importância foram apontadas para mostrar a incidência generalizada desse fenômeno em áreas montanhosas em todo o planeta. Aspectos mais específicos dos mecanismos do fluxo desse movimento foram ilustrados para caracterizar a forma das ocorrências, propiciando, assim, o entendimento do processo. A definição de parâmetros e a simulação dos fluxos constituem-se desafios técnico-científicos devido à sua complexidade.

Existem formulações semiempíricas que têm sido usadas para definir parâmetros, como a concentração de sólidos no fluxo, sua velocidade, a altura da lâmina frontal, os volumes de sedimentos transportados, as vazões de pico, as forças de impacto e as pressões exercidas nas estruturas existentes em seu percurso.

Para entender os processos que resultaram na catástrofe de 1967, foi inserido neste livro um capítulo sobre os aspectos ambientais da região, abordando o meio físico com a apresentação de dados sobre geologia, geomorfologia e solos, além de um capítulo específico sobre chuvas na região. Esses dados são importantes para compreender os mecanismos dos escorregamentos e das erosões, os quais estão diretamente associados às características físicas do terreno e às condições pluviométricas elevadas, bastante comuns na região, e são os elementos detonadores do processo. Uma avaliação dos dados pluviométricos em um longo período, desde a década de 1940 até próximo aos nossos dias, permitiu uma caracterização dos volumes precipitados, tendo sido identificados eventos chuvosos até mais intensos que o de 1967, sem, entretanto, resultarem em uma catástrofe como a descrita nesta obra, o que demonstra a complexidade desse tipo de fenômeno. Ademais, frente a intensos processos erosivos, foi aventada por Costa Nunes a conjectura de ocorrência de um verdadeiro *hidraulicking* (desmonte hidráulico) de encostas serranas, em eventos como o de Caraguatatuba.

Buscando uma compreensão mais detalhada desse fenômeno, foram escolhidas duas bacias hidrográficas atingidas de forma mais significativa pelo evento de 1967 (bacias dos Rios Santo Antônio e Guaxinduba) e elaboradas retroanálises por meio de modelagem semiempírica. Foram utilizados:

- volumes de sedimentos transportados, disponíveis na bibliografia;
- porcentagens da área escorregada, estimadas por meio de mapeamentos feitos na época;
- dados disponíveis sobre precipitações pluviométricas;
- alturas da lâmina do fluxo em alguns locais, obtidas nos testemunhos de pessoas que vivenciaram o processo ou mesmo por condições identificadas em fotos da época.

Concluiu-se que, em ambas as bacias, houve uma boa aderência entre os valores calculados e os de campo, relativos às alturas da lâmina frontal e aos volumes de sólidos transportados.

Uma análise de alguns aspectos do meio biótico foi realizada, objetivando estabelecer correlações entre a quantidade de troncos de árvores e galhos mobilizados e a importância dessa contribuição no fluxo de detritos. Tal quantidade é irrisória perante o volume total de sedimentos (blocos de rocha e solos), mas acaba gerando graves consequências pelo acúmulo e concentração da vegetação em pontos como estrangulamentos de rios e córregos, junto a pontes e sistemas de drenagem.

Podem até propiciar a formação de "barramentos temporários", que, quando rompidos, resultam em danos extremos às ocupações urbanas adjacentes.

Aproveitando as experiências dos autores no projeto da Rodovia dos Contornos de Caraguatatuba e São Sebastião, foi apresentada uma síntese da metodologia utilizada nos estudos para definir os locais mais suscetíveis à ocorrência de *debris flows* e as soluções de engenharia adotadas para minimizar os seus impactos nas obras de arte (pontes e viadutos) que transpõem cursos d'água da região e em áreas urbanizadas. Esses estudos mostram a preocupação da responsável pela rodovia e dos técnicos envolvidos na implementação das soluções recomendadas.

Destacam-se as soluções de projeto adotadas para os Rios Santo Antônio e Guaxinduba, em Caraguatatuba, e o Córrego São Tomé e Ribeirão da Fazenda, em São Sebastião. Basicamente, foram dois tipos de soluções propostas para a proteção das estruturas de apoio às pontes e viadutos: deslocamento dos apoios e proteção por meio da construção de estrutura de concreto. O deslocamento dos apoios foi aplicado no projeto da travessia do Rio Santo Antônio, ampliando-se o vão sobre o canal do rio, de maneira que, em caso de eventual *debris flow*, permita a passagem de troncos de árvores; o comprimento desse vão foi estimado pelo tipo de vegetação predominante na Serra do Mar. Sobre o Rio Guaxinduba, foram projetadas estruturas de concreto denominadas *submarino*, devido à sua configuração em planta.

Diante de todos esses temas e tendo como foco a tragédia de 1967, ressalta-se que permanece a condição de risco em determinadas áreas ocupadas pela população no caso de eventual nova ocorrência de *debris flow*, identificada por vários órgãos governamentais.

Entende-se que o poder público, seja federal, estadual ou municipal, não pode se omitir quando o assunto é a ocupação urbana em áreas de comprovado risco natural. Entretanto, é da municipalidade a incumbência de administrar e fiscalizar essas áreas e assim estabelecer um planejamento urbano pela aplicação de planos diretores municipais. Atualmente, regiões como as planícies dos Vales do Rio Santo Antônio e do Rio Guaxinduba apresentam ocupação urbana desenvolvida, incluindo instalações públicas, como escolas.

É necessário mencionar que, em geral, fenômenos naturais não se repetem na escala de tempo da percepção humana; eles são eventos verificados ao longo do tempo geológico. No entanto, isso não significa que tais eventos não possam se repetir com maior frequência e causar danos catastróficos para a sociedade. Em Caraguatatuba, os registros geológicos são conhecidos, o que permite realizar análise crítica das atuais ocupações urbanas em áreas de risco.

Bibliografia complementar

AUGUSTO FILHO, O. Caracterização geológico-geotécnica voltada à estabilização de encostas: uma proposta metodológica. In: CONFERÊNCIA BRASILEIRA SOBRE ESTABILIDADE DE ENCOSTAS, 1., 1992, Rio de Janeiro. Anais... Rio de Janeiro: ABMS/ABGE. p. 721-733.

BERROCAL, J.; ASSUMPÇÃO, M.; ANTEZANA, R.; DIAS NETO, C. de M.; ORTEGA, R.; FRANÇCA, H.; VELOSO, J. A. V. Sismicidade do Brasil. São Paulo: Instituto Astronômico e Geofísico, Universidade de São Paulo (IAG-USP/CNEN), 1984. 320 p.

BURIHAN, S. (2012) A tragédia de 18 de março de 1967... O dia mais triste dos caiçaras... Blog Salim Burihan, 17 mar. 2012. Disponível em: <http://salimburihan.blogspot.com/2012/03/tragedia-de-18-de-marco-de-1967o-dia.html>. Acesso em: 15 abr. 2021.

CARAGUÁ: DA CATÁSTROFE AO PROGRESSO. Direção: Emílio Campi. 26 set. 2011. 1 vídeo (30 min). Publicado por Adelina Rodrigues. Disponível em: <https://www.youtube.com/watch?v=KqqUzOU-z2I>. Acesso em: 15 abr. 2021.

CARAGUÁ: DA CATÁSTROFE AO PROGRESSO. Direção: Emílio Campi. 8 nov. 2017. 1 vídeo (58 min). Publicado por Emílio Campi. Disponível em: <https://www.youtube.com/watch?v=XxXs99R8xak>. Acesso em: 15 abr. 2021.

CARAGUATATUBA. A Catástrofe de Caraguá. Direção: Caio Vecchio. 25 jan. 2011. 1 vídeo (42 min). Publicado por Jornalismo Caraguá. Disponível: <https://www.youtube.com/watch?v=ocSVZWi6_fs>. Acesso em: 15 abr. 2021.

CERRI, L. E. S. et al. Plano Preventivo de Defesa Civil para a minimização das consequências de escorregamentos em municípios da Baixada Santista e Litoral Norte do Estado de São Paulo. In: SIMPÓSIO LATINO-AMERICANO SOBRE RISCO GEOLÓGICO URBANO, 1, 1990. São Paulo. Anais... São Paulo: ABGE, 1990a. p. 396-408.

CERRI, L. E. S. et al. Plano Preventivo de Defesa Civil para a minimização das consequências de escorregamentos na área dos Bairros-Cota e Morro do Marzagão, município de Cubatão-SP-Brasil. In: SIMPÓSIO LATINO-AMERICANO SOBRE RISCO GEOLÓGICO URBANO, 1, 1990. São Paulo. Anais... São Paulo: ABGE, 1990b. p. 381-395.

CORRÁ, D. (2018) Deslizamento de terra que devastou Caraguatatuba completa 50 anos: Tragédia está entre os maiores desastres naturais do país; 450 morreram. Parte da Serra do Mar deslizou sobre a cidade no dia 18 de março de 1967. G1, Vale do Paraíba e Região, 18 mar. 2017. Disponível em <http://g1.globo.com/sp/vale-do-paraiba-regiao/noticia/2017/03/ deslizamento-de-terra-que-devastou-caraguatatuba-completa-50.anos.html>. Acesso em: 15abr. 2021

CUNHA, M. A.; SAITO DE PAULA, M.; GOULART, B. P. Avaliação da possibilidade de ocorrência de debris flow ao longo dos vales atravessados pela Rodovia dos Contornos da Nova Tamoios – Caraguatatuba e São Sebastião – Litoral Norte do

Estado de São Paulo. In: ANAIS DA ASSOCIAÇÃO BRASILEIRA DE GEOLOGIA DE ENGENHARIA E AMBIENTAL – CBGE, 16., São Paulo. *Anais...* São Paulo: CBGE, 2018.

EVANS, S. J.; CLAGUE, J. J. Catastrophic rock avalanches in glacial environments. In: INT. SYMP. LANDSLIDES, Lausanne, p. 1153-1158, 1988.

GLOBO. Enchentes-Tragédia de 1967 no Brasil nunca acharam todos. *Fantástico*, 2011. Disponível em: <https://www.youtube.com/watch?v=vEIUbryUp2A>.

GRAMANI, F. G. Caracterização geológico-geotécnico das corridas de detritos (*debris flows*) no Brasil e comparação com alguns casos internacionais. 2001. 371 p. Dissertação (Mestrado) – Escola Politécnica da Universidade de São Paulo, São Paulo, 2001.

IPT – INSTITUTO DE PESQUISAS TECNOLÓGICAS DO ESTADO DE SÃO PAULO. Carta de risco de escorregamentos e inundações de Caraguatatuba, SP. *Relatório Técnico nº 39 878/99*, São Paulo, 1999.

KANJI, M. A.; MASSAD, F.; CRUZ, T. P. *Debris Flows* in areas of residual soils: Occurrence and characteristics. In: INTERNATIONAL WORKSHOP ON OCCURRENCE AND MECHANISM OF FLOWS IN NATURAL SLOPES AND EARTHFILLS, 2003, Sorrento. Napoles, 2003. V. 2. p. 1-8.

MIZUYAMA, T. et al. *Technical Standard For The Measures Against* Debris Flow (draft). Japan: Public Works Research Institute, June 1988.

NAKAZAWA, V. A. *Carta Geotécnica do Estado de São Paulo*. Escala 1:500.000. São Paulo: Instituto de Pesquisas Tecnológicas, 1994. (Publicação IPT 2089.)

OSANAI, N.; MIZUNO, H.; MIZUYAMA, T. Design Standard of Control Structures Against Debris Flow in Japan. *Journal of Disaster Research*, v. 5, n. 3, 2010.

SANTOS CORRÊA, C. V.; GOMES VIEIRA REIS, F. A.; CARMO GIORDANO, L.; MARQUES GABELINI, B.; IRINEU CERRI, R. Retroanálise de movimentos de massa através de análises Estatísticas Normatizadas: Aplicação em Caraguatatuba e São Sebastião (SP). In: XII SINAGEO – SIMPÓSIO NACIONAL DE GEOMORFOLOGIA. Crato/CE, 2019.

UFSC – UNIVERSIDADE FEDERAL DE SANTA CATARINA. MORE. Mecanismo online para referências. Versão 2.0. Florianópolis: UFSC Rexlab, 2013. Disponível em: <http://www.more.ufsc.br/>. Acesso em: 16 jun. 2021.

VANDINE, D. F. Debris flow control structures for forest engineering. *Research Branch*. Work. Pap. 08. Victoria, British Columbia: Columbia Ministry of Forests, 1996.

Sobre os autores

Márcio Angelieri Cunha

Formado em Geologia pelo Instituto de Geociências da Universidade de São Paulo (IGc-USP) em 1972. Mestrado pela mesma instituição em 1984. Foi pesquisador do Instituto de Pesquisas Tecnológicas (IPT) entre 1974 e 1996, tendo sido Diretor da Divisão de Geologia entre 1992 e 1996. Foi Professor Assistente do Instituto Tecnológico da Aeronáutica (ITA) entre 1990 e 1994.

Atua na área de Geologia de Engenharia e Ambiental desde o início de sua carreira profissional, sendo atualmente Diretor Técnico da Geologia, Geotecnia e Meio Ambiente (Geomac) e consultor de várias empresas nessa área. Entre muitos trabalhos que realizou na área da Serra do Mar, destaca a participação pelo Consórcio Projetista Litoral Norte (Vetec Engenharia/Concremat Engenharia) nos projetos e obras de implantação dos túneis, viadutos, cortes e aterros dos Contornos de Caraguatatuba e São Sebastião, entre 2012 e 2018.

Frequenta o Litoral Norte de forma contínua desde 1982, quando construiu sua residência de veraneio em São Sebastião, razão pela qual considera a Serra do Mar um patrimônio nacional de incomparável beleza e importância ambiental. Por conta dessa admiração, é um praticante de corridas de montanha, e por diversas vezes participou dessas corridas que percorrem parte das inúmeras trilhas existentes nas escarpas e planície do Litoral Norte.

Na verdade, sua relação com essa área do Litoral Norte remonta ao final de 1969, quando, durante o curso de Geologia, teve a oportunidade de participar de uma excursão de reconhecimento geológico na região de Caraguatatuba e Ilhabela. Ainda se lembra da parada no alto da serra para observar as cicatrizes dos escorregamentos que haviam ocorrido na catástrofe de março de 1967. Como todo evento marcante, essa imagem ficou registrada em sua memória, e hoje faz parte dos esforços despendidos para a elaboração do presente livro, que aborda os aspectos técnicos, científicos e históricos desse importante evento da região.

Marcos Saito De Paula

Nascido em 1986 em São Paulo, é geólogo, formado em 2010 pelo Instituto de Geociências de Universidade de São Paulo (IGc-USP), Mestre em Paleoclimatologia também pelo IGc-USP em 2012, e possui especialização em Engenharia de Túneis.

Trabalha desde 2013 com Geologia de Engenharia e Ambiental. Pela Vetec Engenharia (atual Systra Engenharia e Consultoria Ltda.) participou do projeto e acompanhamento de obra da Nova Tamoios – Rodovia dos Contornos, onde efetuou diversos tipos de estudos geológico-geotécnicos com o geólogo Márcio Cunha. Foi durante esse projeto que participou ativamente de diversos estudos sobre corridas de detritos na região de Caraguatatuba e São Sebastião, por meio dos quais teve contato com os geólogos Wilson Iyomasa e Marcelo Gramani, além do Prof. Faiçal Massad.

Desde 2018 é sócio proprietário da Jarouche & Saito Geologia Aplicada, com seu sócio e colega de faculdade Adinan Jarouche.

Desde criança passa as férias em Caraguá (sua mãe, bem como boa parte desse lado da família Saito, é da cidade). Sempre ouviu relatos da família sobre a "tromba d'água" de 1967, e como a venda da família de agricultores, no km 92 da Rio-Santos (antigo Camping Massaguaçu), virou ponto de apoio para assistência às vítimas da catástrofe, uma vez que Massaguaçu não foi atingida pelos escorregamentos. Policiais, bombeiros, médicos, enfermeiros e militares do exército usaram o local como base para distribuição de suprimentos. Sua avó cozinhava para o pessoal, e seu avô ajudou na abertura de ruas e estradas na época, pois tinha o único trator de esteira daquele lado da cidade.

Wilson Shoji Iyomasa

Graduado em Geologia pelo Instituto de Geociências da Universidade de São Paulo (IGc-USP) em 1976, Mestre em Geociências e Meio Ambiente pela Unesp de Rio Claro em 1994 e Doutor em Geotecnia pela Escola de Engenharia de São Carlos da USP em 2000.

Atualmente é pesquisador do Instituto de Pesquisas Tecnológicas (IPT), colaborador do Instituto Nacional de Estudos e Pesquisas Educacionais Anísio Teixeira e da Universidade Federal do Paraná (UFPR). É coordenador de curso de especialização (nível de mestrado) da Fundação de Apoio ao IPT (Fipt), consultor *ad hoc* da Fundação de Amparo à Pesquisa do Estado de São Paulo (Fapesp) e do Conselho Nacional de Desenvolvimento Científico e Tecnológico (CNPq).

Tem experiência na área de Geologia de Engenharia, atuando principalmente em investigações geológico-geotécnicas, na elaboração de estudos para definição de classes de maciços e em estudos geotécnicos relacionados às obras de infraestrutura, como túneis rodoviários e ferroviários, barragens, hidrovias e obras urbanas, como estações metroviárias e sistemas de macrodrenagem.

Marcelo Fischer Gramani

Nascido em 1971 em Campo Grande (MS), é geólogo, formado pelo Instituto de Geociências da Universidade de São Paulo (IGc-USP) em 1996, e Mestre em Engenharia Civil pela Escola Politécnica da Universidade de São Paulo (Epusp) em 2001.

De 1997 a 2001 foi bolsista do "Projeto de Assistência Técnica e Científica para os problemas de Cheias e Corridas de Massas (*debris flows*), nas Vertentes da RPBC, provenientes de erosão e deslizamentos na Serra do Mar, em Cubatão (SP)" coordenado pelo Prof. Faiçal Massad. Prof. Massad liderou uma equipe de profissionais de diferentes áreas, entre eles o Prof. Paulo Teixeira da Cruz, Milton Assis Kanji, Kokei Uehara, Hideki Hishitani, Yasuko Tesuka e Homero Antunes de Araújo Filho, com o objetivo de projetar obras na Serra do Mar para controle e minimização dos impactos de um *debris flow*.

Nesse mesmo período, Gramani desenvolveu a dissertação de mestrado intitulada *Caracterização Geológico-Geotécnica das Corridas de Massa (debris flows) no Brasil e comparação com alguns casos internacionais*, sob orientação do Prof. Milton A. Kanji. Foi na pesquisa que pôde propor metodologia para avaliação de bacias hidrográficas sujeitas a corridas de massa e descobriu um dos maiores acidentes geológicos registrados no Brasil: o de Caraguatatuba em 1967.

Trabalha desde 2002 com Geologia de Engenharia no Instituto de Pesquisas Tecnológicas (IPT), atualmente na área de Cidades, Infraestrutura e Meio Ambiente. Participou de estudos e atendimentos emergenciais sobre corridas de massa no Brasil e na Bolívia para atender a faixa do Gasoduto Bolívia-Brasil, Sabesp, Transpetro, Artesp, Ecorodovias e Núcleos Serranos Urbanos. Em 2019, fez parte de comitiva da Geobrugg-Brasil para conferências e visitas em áreas no Japão atingidas pelos fenômenos (Hiroshima e Fukuoka).

Foi consultor do Ministério da Integração Nacional (Secretaria Nacional de Proteção e Defesa Civil) para a edição do volume 4 do *Manual Técnico para Concepção de Intervenções para Fluxo de Detritos* e coordenação de Ações do Projeto de Fortalecimento da Estratégia Nacional de Gestão Integrada em Riscos de Desastres Naturais (GIDES).

Um de seus últimos trabalhos compreendeu a obra da Nova Tamoios, Rodovia dos Contornos (Serra do Mar), na região de Caraguatatuba e São Sebastião, onde efetuou avaliações geológico-geotécnicas e de suscetibilidade a corridas de massa com os geólogos Márcio Cunha, Marcos Saito de Paula e Wilson Iyomasa e o Prof. Faiçal Massad.

Faiçal Massad

Formado em Engenharia Civil em 1965 pela Escola Politécnica da USP (Epusp), obteve em 1969 o grau de Master of Science pela Harvard University (EUA), sob a orientação do Prof. Arthur Casagrande, e em 1978 o Doutorado pela Epusp, sob a orientação do Prof. Milton Vargas.

Atualmente é Professor Titular Sênior da Epusp. Entre 1969 e 1985 exerceu diversas funções no Instituto de Pesquisas Tecnológicas (IPT), inclusive a de Diretor da antiga Divisão de Engenharia Civil.

Tem experiência na área de Engenharia Civil, com ênfase em Fundações, Obras de Terra e Mecânica dos Solos. É autor de cinco livros, seis capítulos de livros e 147 artigos técnicos. Recebeu os Prêmios Terzaghi, José Machado e Costa Nunes, este último junto com vários colegas, pela autoria do trabalho que mais se destacou no Second Panamerican Symposium on Landslides, realizado em 1997 no Rio de Janeiro.

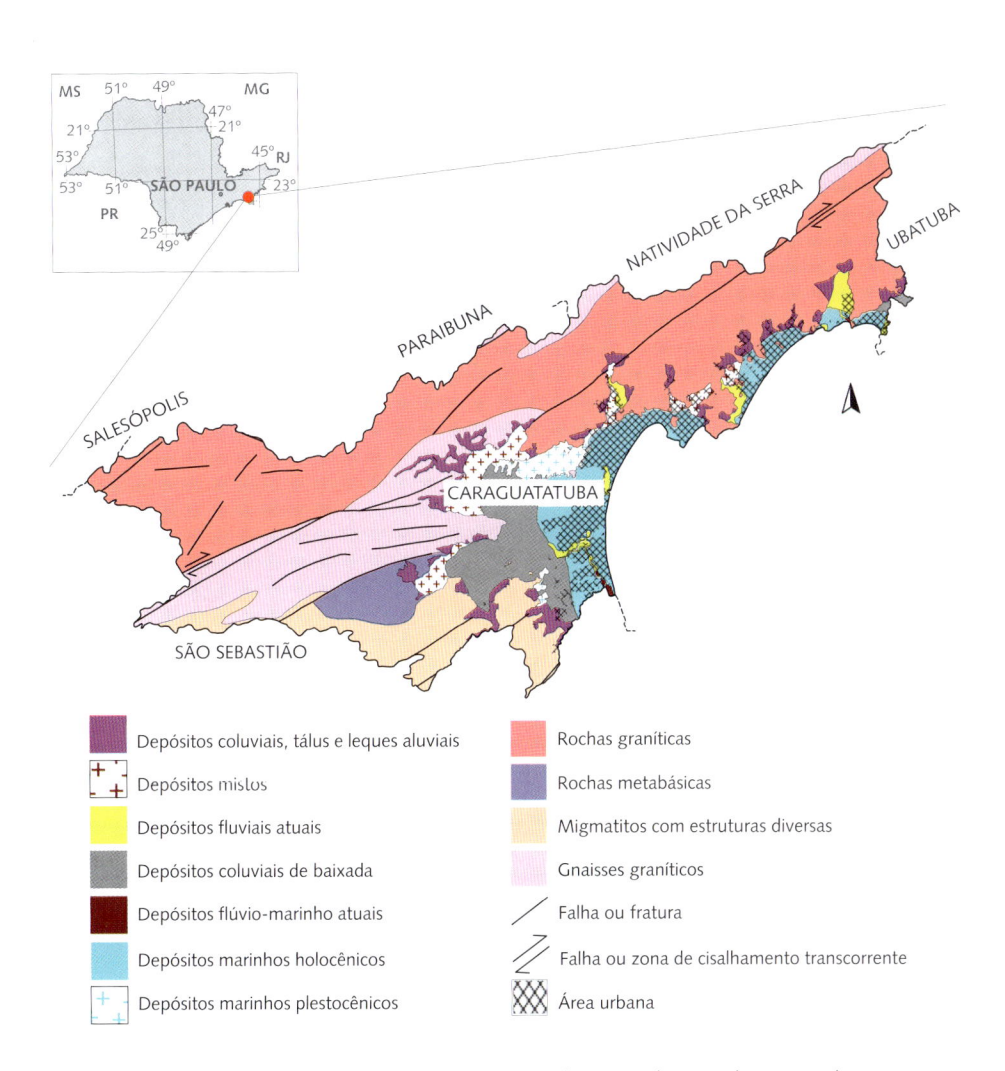

Fig. 3.4 *Mapa geológico do município de Caraguatatuba, Litoral Norte de São Paulo*
Fonte: modificado de IPT (2013).

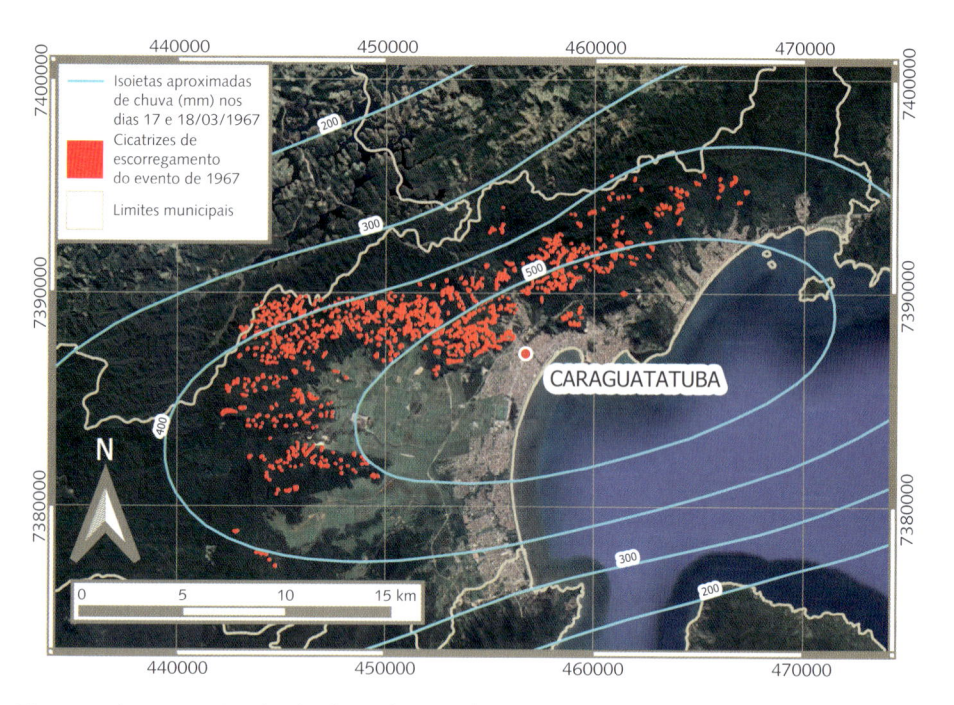

Fig. 4.1 *Isoietas aproximadas da chuva de 17/18 de março de 1967 na Serra de Caraguatatuba, com contorno da área atingida e mapeamento das ocorrências*
Fonte: Guidicini e Nieble (1984).

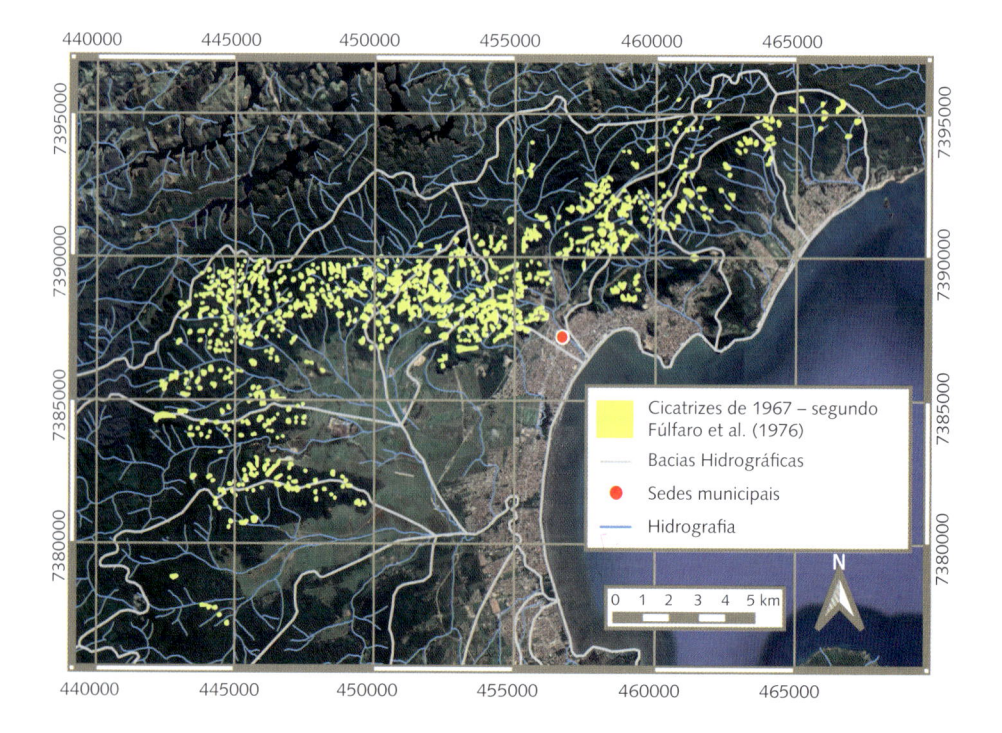

Fig. 5.1 *Cicatrizes dos escorregamentos de 1967 mapeados por Fulfaro et al. (1976)*

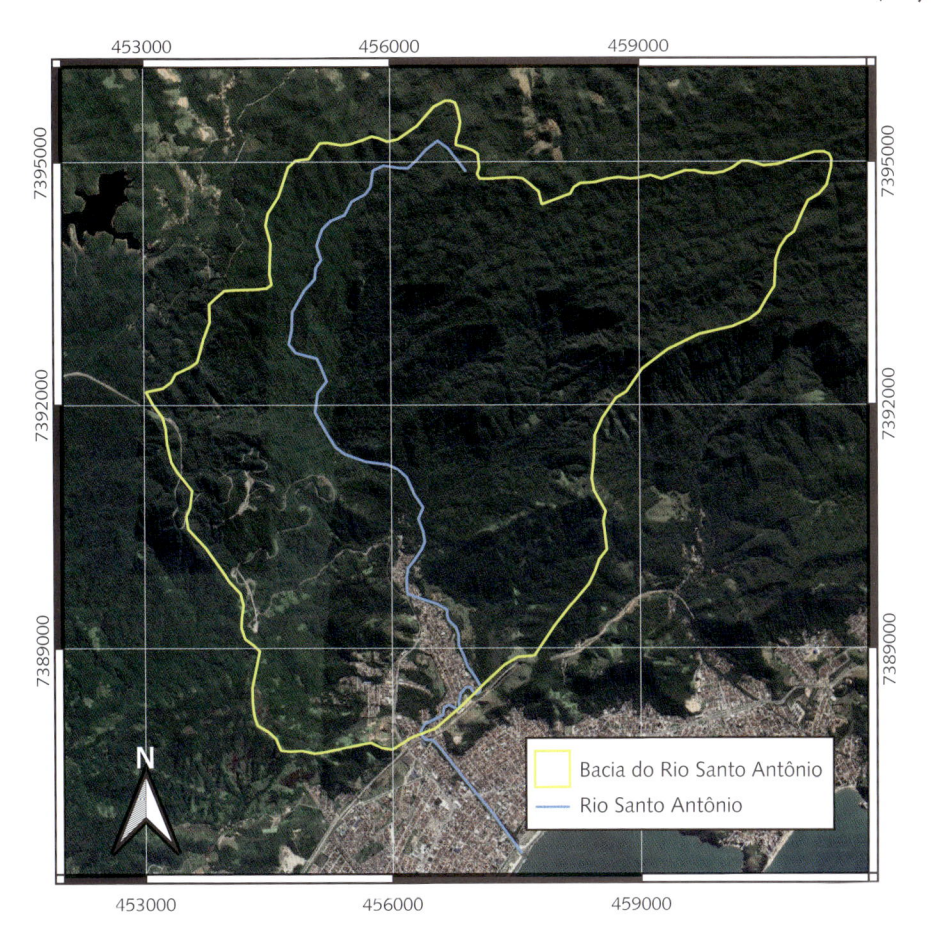

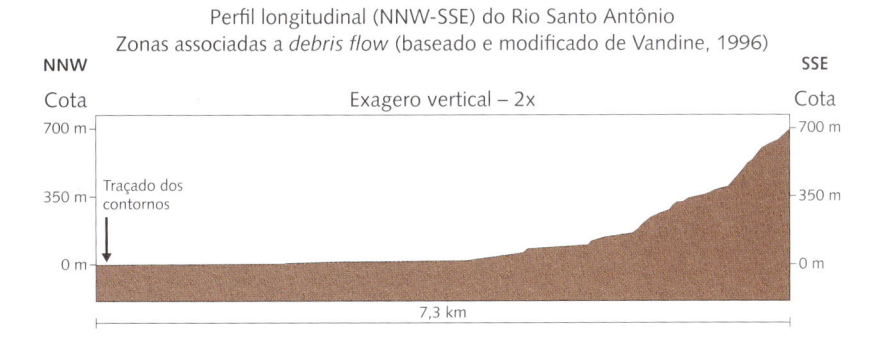

Perfil longitudinal (NNW-SSE) do Rio Santo Antônio
Zonas associadas a *debris flow* (baseado e modificado de Vandine, 1996)

Zona de corridas de detritos (Vandine, 1996)	Deposição final < 10°	Deposição parcial 10° a 15°	Transporte e erosão 15° a 25°	Iniciação ou geração do processo > 25°
Inclinação média do terreno	1°	5°	13°	24°

Fig. 5.2 *Perfil longitudinal até a transposição do Rio Santo Antônio pela Nova Tamoios*

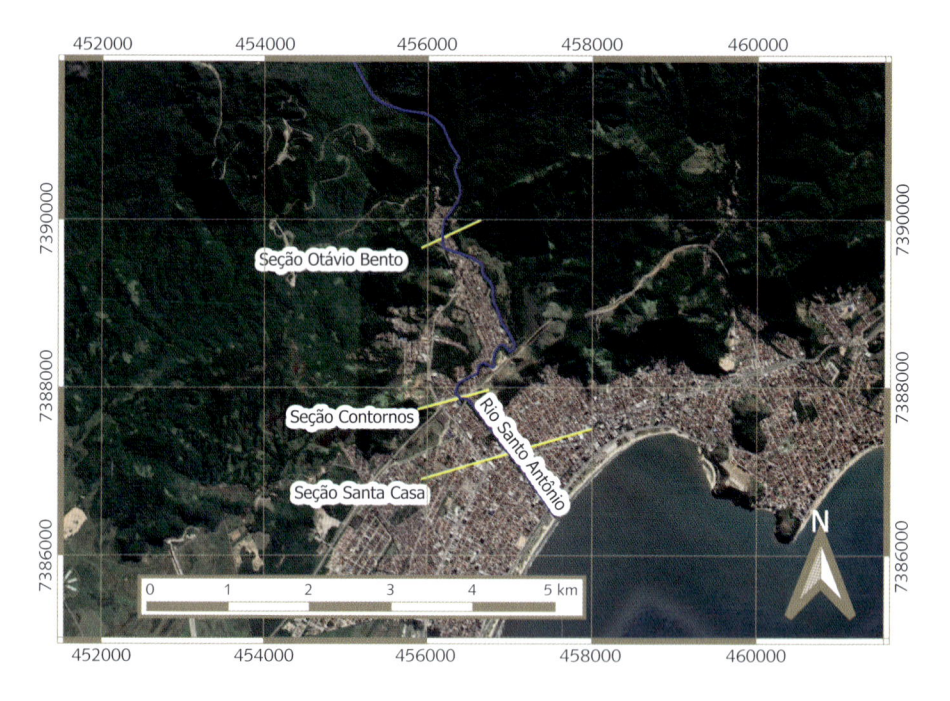

Fig. 5.3 *Mapa mostrando as três seções de referência na vertente do Rio Santo Antônio*
Fonte: Google Earth.

Zona de corridas de detritos (Vandine, 1996)	Deposição final < 10°	Deposição parcial 10° a 15°	Transporte e erosão 15° a 25°	Iniciação ou geração do processo > 25°	Planalto da serra do mar
Inclinação média do terreno	1°	6°	12°	18°	

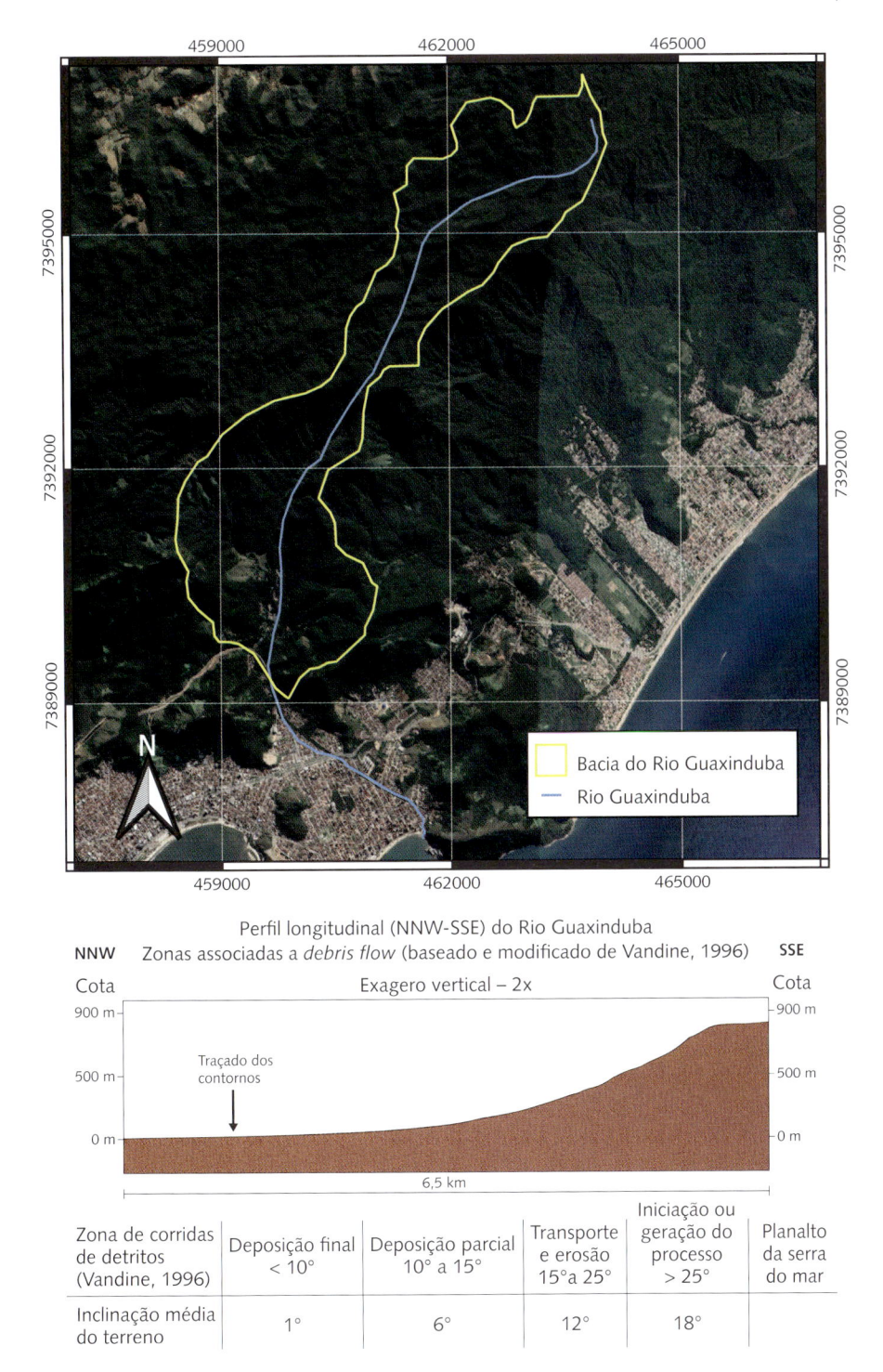

Fig. 5.8 *Perfil longitudinal até a transposição do Rio Guaxinduba pela Nova Tamoios*

Fig. 5.9 *Mapa mostrando a seção de referência estudada*
Fonte: Google Earth.

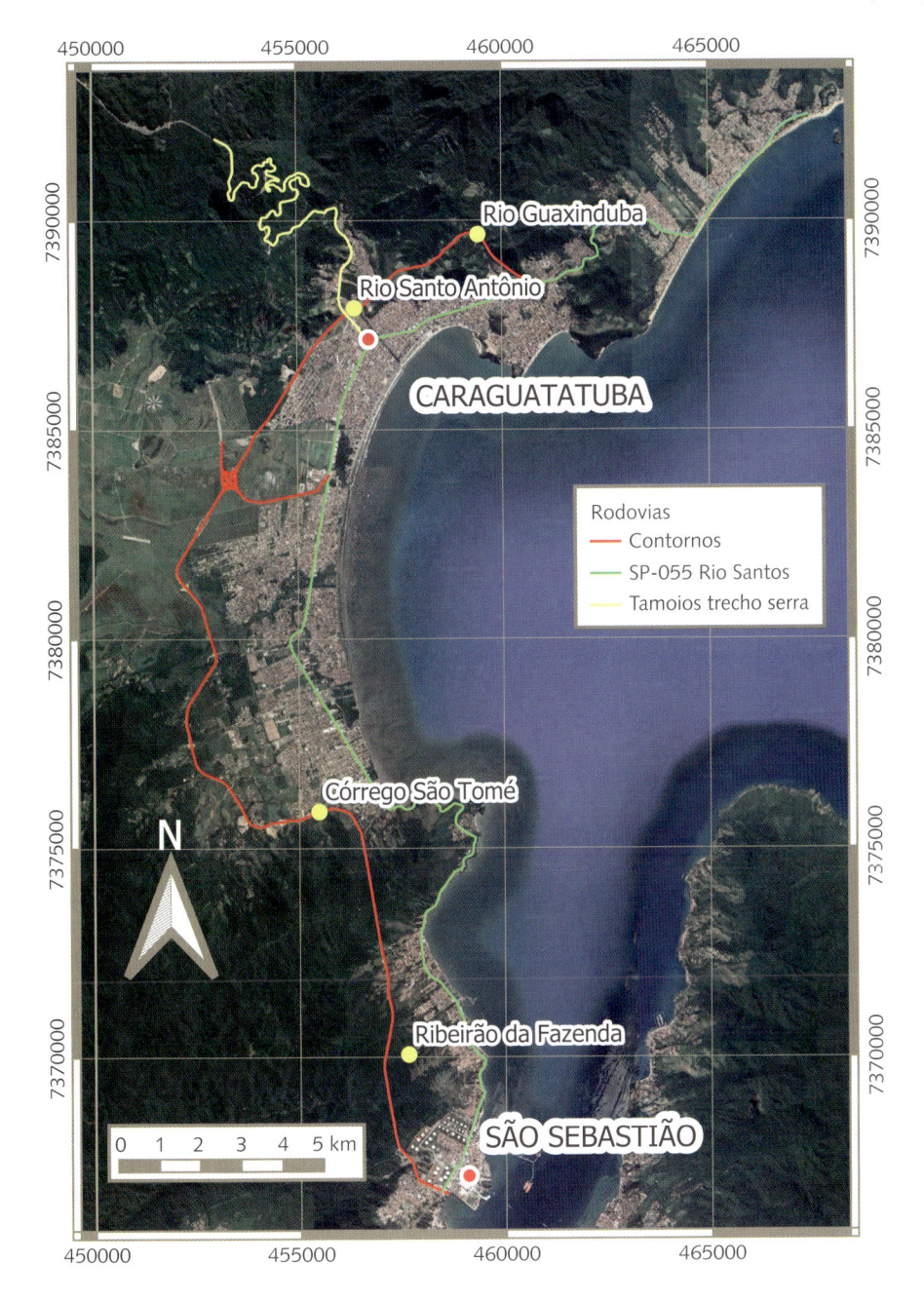

Fig. 6.1 Localização das áreas onde foram realizados os estudos sobre possibilidade de ocorrência de debris flow. O Ribeirão da Fazenda está deslocado devido à alteração do traçado nesse trecho, decorrente, entre outras razões, da possibilidade de corrida de detritos

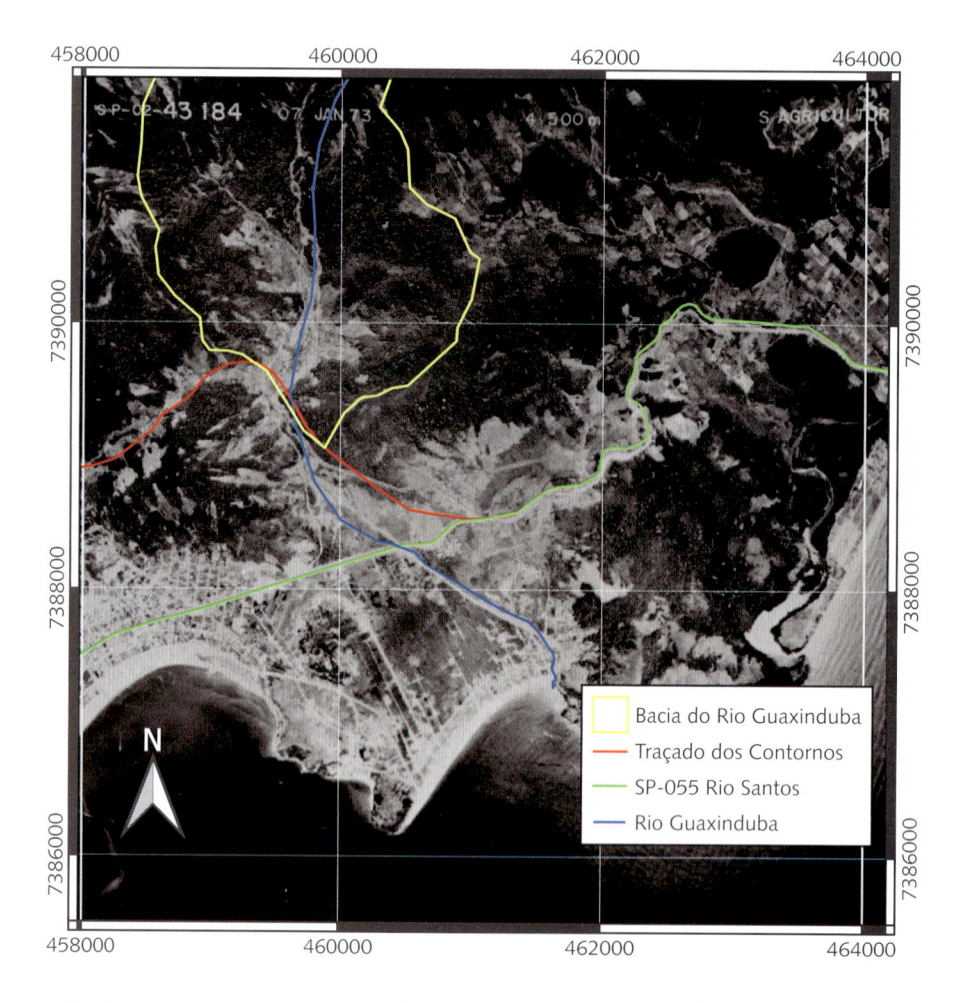

Fig. 6.2 *Foto aérea de 1973 mostrando o impacto causado pelo evento de 1967 no Vale do Rio Guaxinduba, destacado em amarelo*
Fonte: IBC-Gerca (1971/1973).

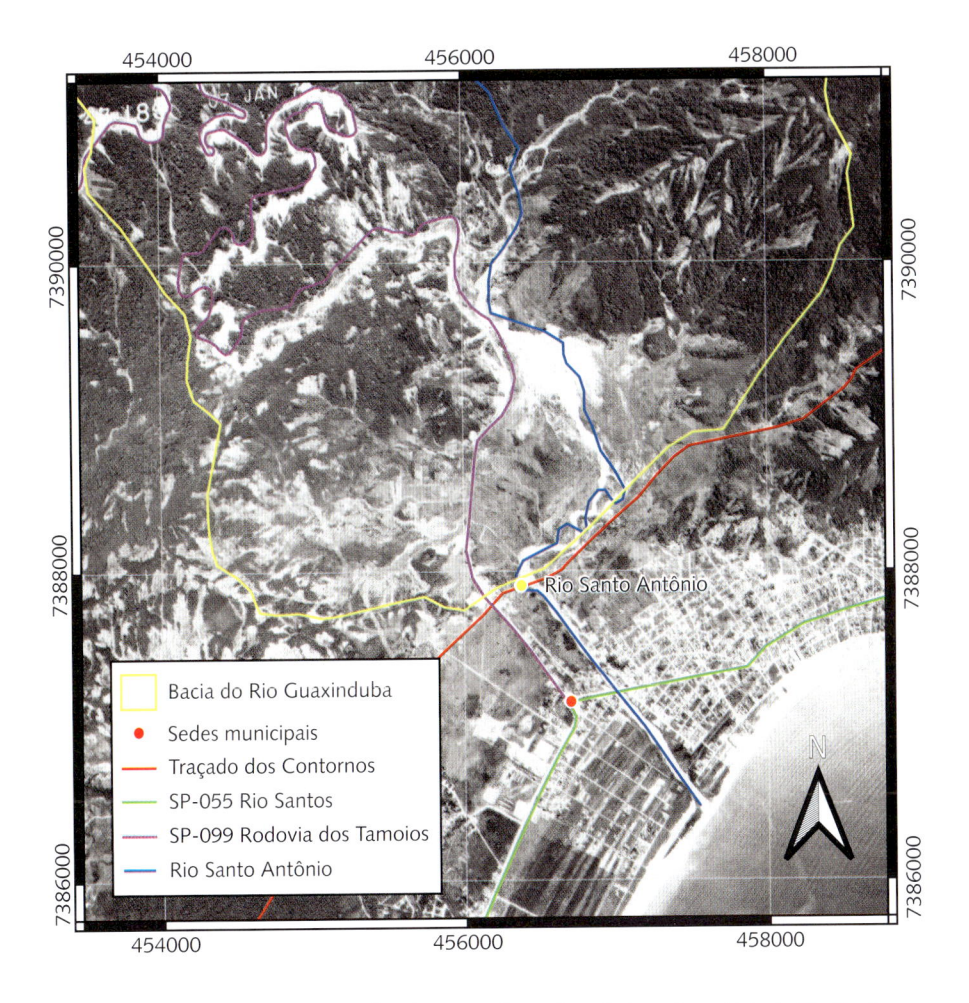

Fig. 6.3 *Foto aérea de 1973 mostrando o impacto da catástrofe de 1967 no Vale do Rio Santo Antônio. Notar os impactos (manchas claras) no vale desse rio, a montante da nova rodovia. A partir desse ponto até a sua foz (oceano), o impacto ocorreu praticamente ao longo da drenagem* Fonte: IBC-Gerca (1971/1973).

Perfil geológico-geotécnico longitudinal das OAEs 201 e 203

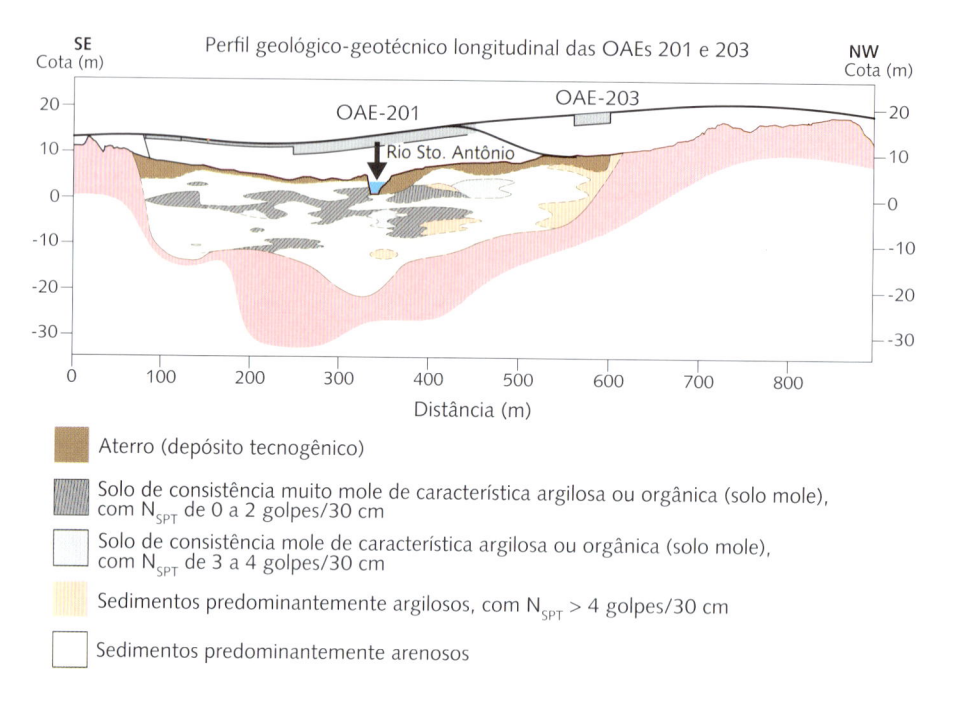

- Aterro (depósito tecnogênico)
- Solo de consistência muito mole de característica argilosa ou orgânica (solo mole), com N_{SPT} de 0 a 2 golpes/30 cm
- Solo de consistência mole de característica argilosa ou orgânica (solo mole), com N_{SPT} de 3 a 4 golpes/30 cm
- Sedimentos predominantemente argilosos, com $N_{SPT} > 4$ golpes/30 cm
- Sedimentos predominantemente arenosos

Fig. 6.8 *Perfil geológico-geotécnico ao longo da transposição do Rio Santo Antônio, mostrando uma zona de deposição de camadas interdigitadas de solos arenosos e argilosos resultantes de deposição em épocas diferentes e com diversos graus de energia, alguns associados a evento de debris flow. Nesse local, a energia de transporte do fluxo é menor, devido à pequena declividade e à maior distância das encostas principais*

Fig. 6.9 *Vale do Rio Santo Antônio na região a ser cruzada pela Rodovia dos Contornos (tracejado), em 2014. A seta indica o ponto de cruzamento do traçado dos Contornos com o Rio Santo Antônio*

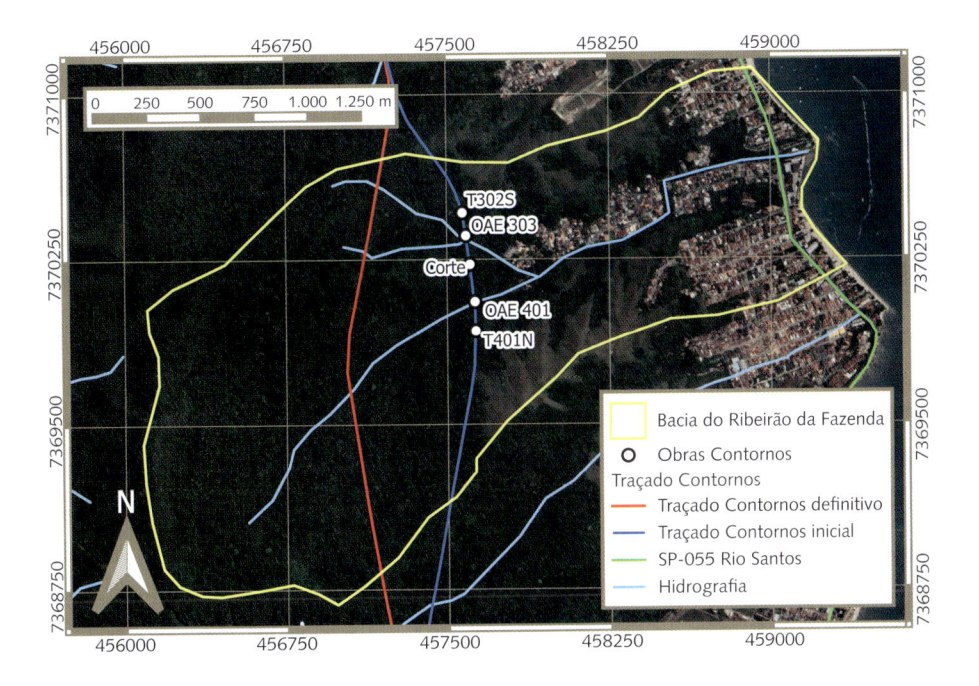

Fig. 6.15 *Transposição da Bacia do Ribeirão da Fazenda pelas obras dos Contornos, mostrando o traçado inicial com túneis, OAEs e corte, e o traçado definitivo, atravessando apenas por túnel*
Fonte: Cunha, Paula e Goulart (2018).

Síntese dos resultados
Córrego da Fazenda – OAE 401

Índice de suscetibilidade	66,25
Classificação	Alto

- Planície aluvionar – 200 m largura/cota 5 m (na porção mais larga);
- Corpo de talus no talvegue;
- Bacia hidrográfica – ~2,3 km;
- Investigação de subsuperfície – sondagens.

Solução adotada

- Uma das condições que levaram a alteração de traçado para túnel (deslocamento horizontal de quase 600 m entre traçado inicial e definitivo).

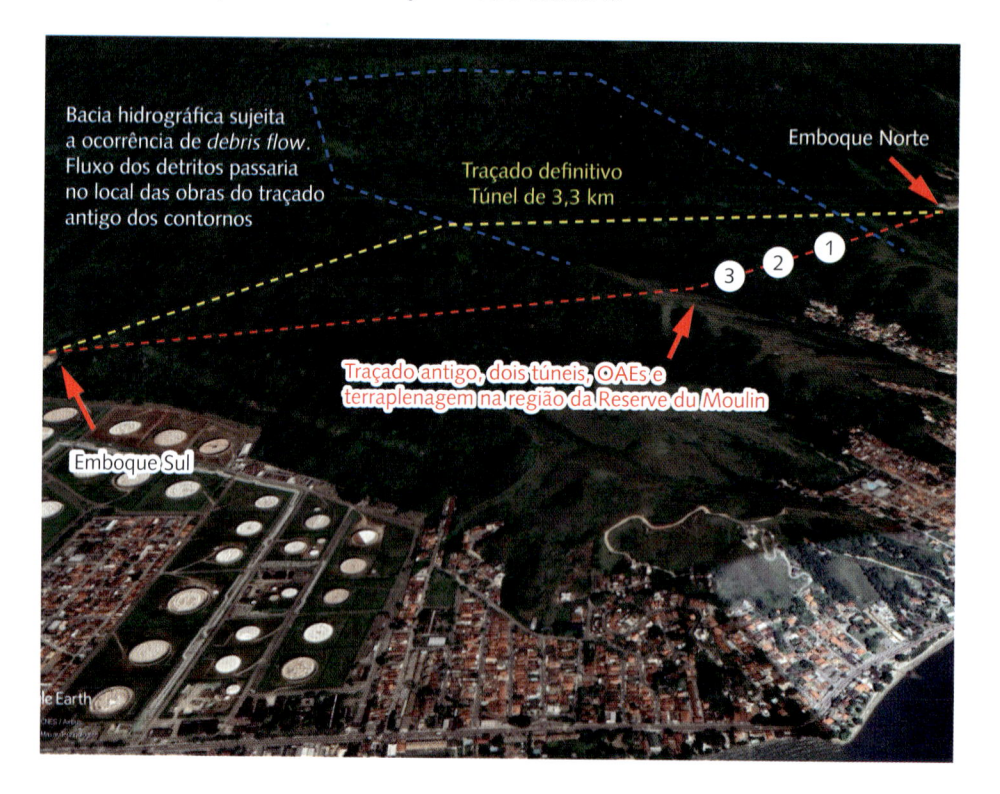

Fig. 6.16 *Síntese dos resultados das alternativas estudadas relacionadas a: (1) OAE 303, (2) corte, (3) OAE 401*
Fonte: Cunha, Paula e Goulart (2018).

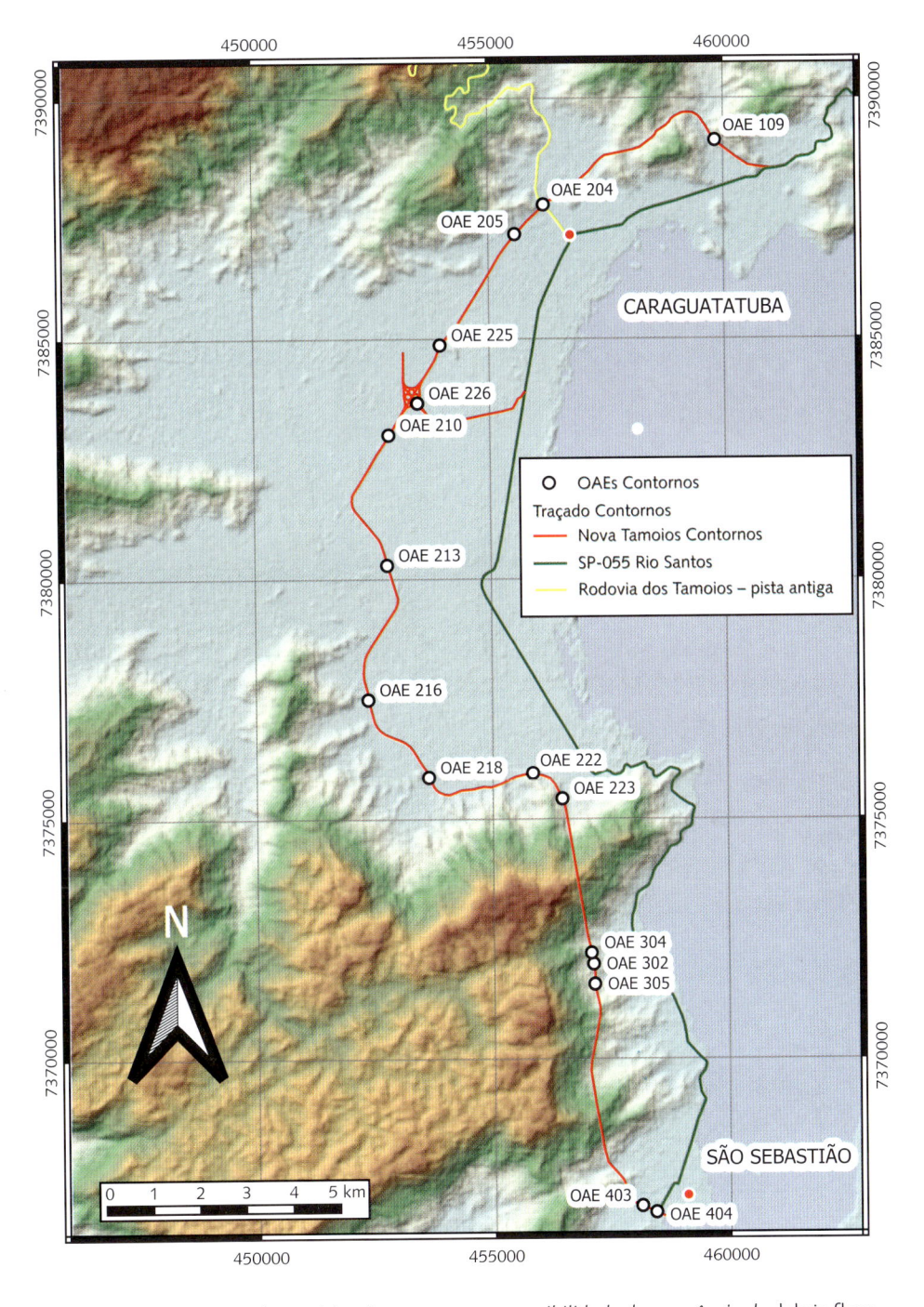

Fig. 6.17 *Mapa mostrando os 16 locais com pequena possibilidade de ocorrência de* debris flow

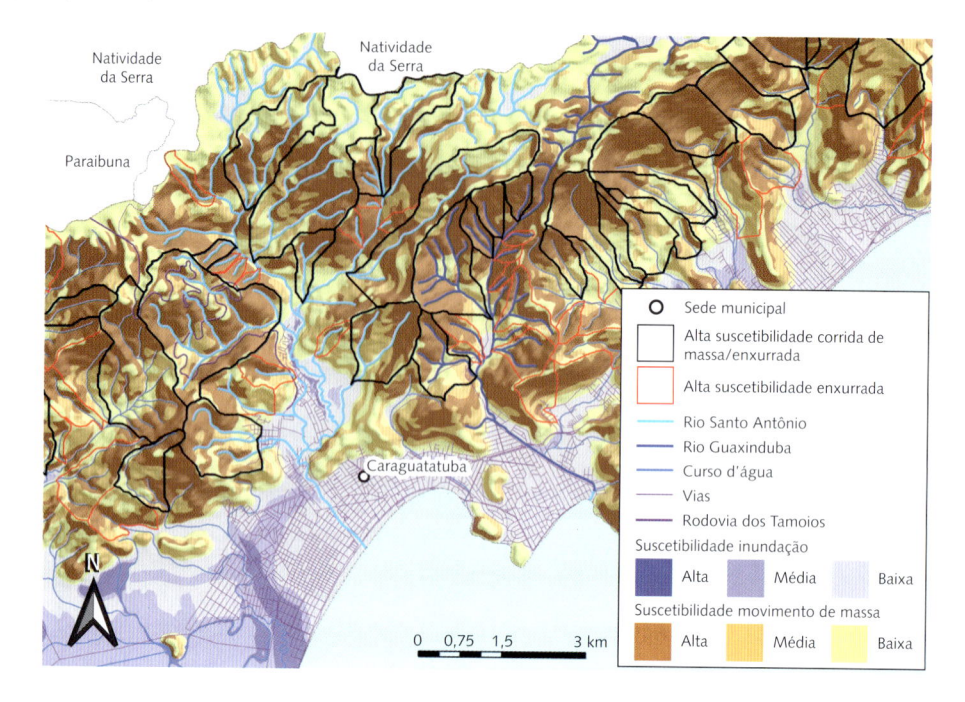

Fig. 7.7 *Recorte da carta de suscetibilidade a movimentação de massa, com destaque para as Bacias dos Rios Santo Antônio e Guaxinduba. Classificação de risco a escorregamentos: alto (marrom-escuro), médio (marrom-claro) e baixo (amarelo), caracterizada no Quadro 7.1*
Fonte: elaborado a partir de imagens do Serviço Geológico do Brasil (CPRM, <http://www.cprm.gov.br/>).

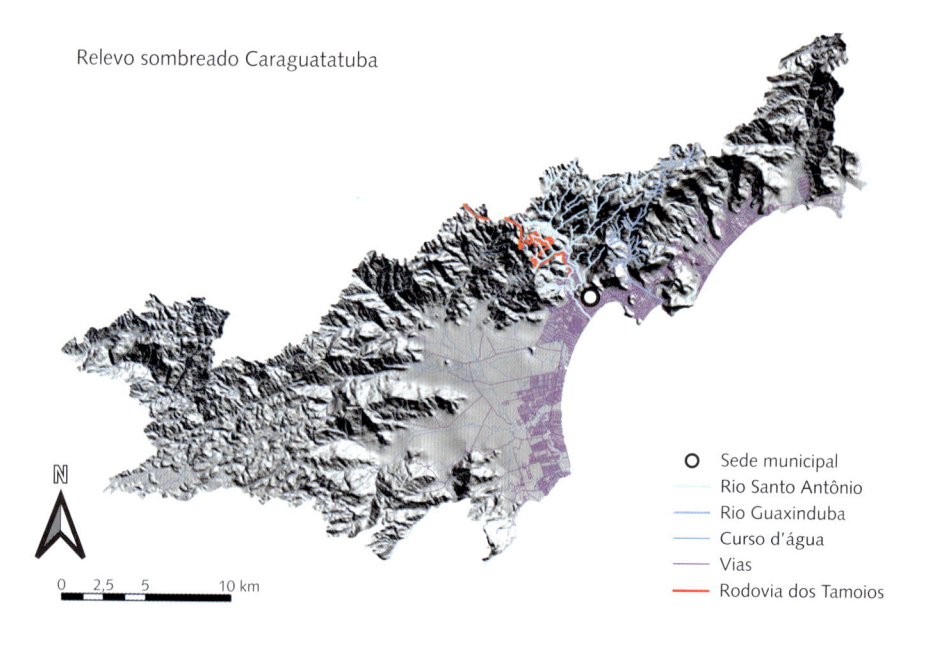

Fig. 7.8 *Relevo sombreado de Caraguatatuba*
Fonte: elaborado a partir de imagens do Serviço Geológico do Brasil (CPRM, <http://www.cprm.gov.br/>).

Fig. 7.14 *Área intensamente urbanizada na baixa planície do Rio Santo Antônio, por onde passou o material transportado pelo* debris flow *de 1967*

Fig. 7.15 *Área pouco urbanizada na planície do Rio Guaxinduba por onde passaria um novo* debris flow

Fig. 7.16 *Comparação de registros do Morro Santo Antônio em (A) setembro de 2016 e (B) maio de 2017. Notar dimensões da encosta leste do morro e cicatriz do escorregamento*
Fonte: Nishijima, Gramani e Iyomasa (2017).